普通高等教育电类基础课程"十四五"系列教材

工程电路基础

（上册）

赵录怀 郭 华 郭 霞 编著

U0151898

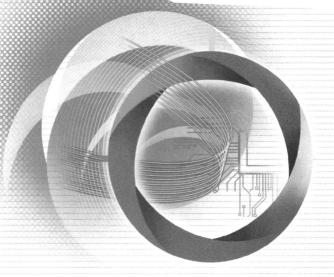

西安交通大学出版社
XI'AN JIAOTONG UNIVERSITY PRESS

内容提要

本书主要介绍电路分析方法、半导体器件基础知识和单元电子电路的工作原理。全书分为上、下两册。上册共 8 章,分别介绍电路元件、等效电阻、电路分析常用方法、半导体二极管、双极性晶体管、场效应晶体管、集成运算放大器、一阶和二阶电路的瞬态。下册共 8 章和 1 个附录,分别介绍正弦稳态分析的相量法、三相电路、耦合电感和理想变压器、电路的频率响应、负反馈放大电路、信号发生电路、功率放大电路、直流稳压电路及使用 Micro-Cap 12 的电路仿真。

本书体系新颖,符合认知规律,理论和方法以自然的逻辑推理演绎,重视物理意义的阐述,注重培养学生理论应用能力、解决问题的能力和一定的工程意识。本书适合作为电类各专业本科生的教材,上册也适用于计算机类专业本科生使用。

图书在版编目(CIP)数据

工程电路基础. 上册 / 赵录怀,郭华,郭霞编著. — 西安 :
西安交通大学出版社,2022.1(2023.1 重印)
ISBN 978 - 7 - 5693 - 2433 - 4

Ⅰ. ①工… Ⅱ. ①赵… ②郭… ③郭… Ⅲ. ①电路-高等学校-教材 Ⅳ. ①TM13

中国版本图书馆 CIP 数据核字(2021)第 265951 号

书　　名	工程电路基础(上册)	
	GONGCHENG DIANLU JICHU(SHANGCE)	
主　　编	赵录怀　郭　华　郭　霞	
责任编辑	贺峰涛	
责任校对	李　佳	
装帧设计	伍　胜	
出版发行	西安交通大学出版社	
	(西安市兴庆南路 1 号　邮政编码 710048)	
网　　址	http://www.xjtupress.com	
电　　话	(029)82668357　82667874(市场营销中心)	
	(029)82668315(总编办)	
传　　真	(029)82668280	
印　　刷	西安明瑞印务有限公司	
开　　本	720 mm×1 000 mm　1/16　印张 15　字数 290 千字	
版次印次	2022 年 1 月第 1 版　2023 年 1 月第 2 次印刷	
书　　号	ISBN 978 - 7 - 5693 - 2433 - 4	
定　　价	35.00 元	

发现印装质量问题,请与本社市场营销中心联系。
订购电话:(029)82665248　(029)82667874
投稿电话:(029)82664954
电子信箱:eibooks@163.com

前　言

　　本书是在西安交通大学城市学院多年教学实践的基础上,为电类专业本科生精心打造的理论与应用相结合的电路与模拟电子技术基础教材。本着"学用结合,易学会用"的编写原则精心构建体系和内容,选材着重于基础,合理降低理论学习的深度和广度,加强理论联系实际,有效培养学生的电路分析能力、实际应用能力和一定的工程意识。

　　本书内容可分为五大部分:电路基本概念与电路分析常用方法(1~3章),半导体器件基础(4~7章),一阶和二阶电路的瞬态(第8章),正弦稳态分析(9~12章),常用单元电子电路的工作原理(13~16章)。此外,附录编写了使用Micro-Cap的电路仿真。其中,一阶和二阶电路的瞬态也可以安排在半导体器件基础内容之前讲授,不影响内容的连贯性。教材下册内容完全可以与数字电子技术、信号与系统课程并行学习。

　　第1~4章、第8~12章由赵录怀编写,第5~7章由郭华编写,第13~16章由郭霞编写,附录由张艳肖编写,全书由赵录怀统稿。申忠如教授对本书的编写给予积极支持,并对初稿提出了一些宝贵修改意见,在此表示衷心感谢。限于作者知识与水平,书中定有不少疏漏之处,敬请读者批评与指正。

作　者

2022年1月

目　录

第 1 章　电路元件

电路是电阻器、电感线圈、电容器、变压器、半导体二极管、晶体管等的电路器件连接成的电流通路。电路的复杂程度与电压等级、器件数量和工作频率有关。目前,在一个集成芯片上已能制作出上亿只晶体管组成的电路。电路能够实现电能的产生、传输、分配、变换和利用,如电力变换、电力网等。把非电磁能转换为电磁能的装置,如发电机、日常使用的干电池等,称为供电电源;把电磁能转换为非电磁能的装置,如电动机、照明灯、各种家用电器等,称为负载。在电视机、手机、计算机以及测量等设备的电路中,随时间变化的电压和电流常是信息的载体,统称为信号,电路的最主要功能则是信号放大、滤波、信息提取等的信号处理,经处理后的信号以图像、文字、声音等的形式再现信息内容。

一个电路是否能够实现某一功能,需要对电路的电行为进行研究,如电路在某一波形的电信号输入下产生的输出电信号的波形是什么? 电路在正弦波电信号输入下,输出电信号与其频率间存在怎样的一种关系? 电路中各个器件的作用是什么? 各个器件上电压和电流的大小是多少? 所有对这些问题的研究统称为电路分析。

为了表达实际器件的电特性,电路理论定义了基本电路元件——电压源、电流源、电阻、电感和电容。它们用特定的电路变量定义,用规定的图形符号表示。实际器件的电特性都可以用电路元件组成的电路模型表达。譬如,一个电感线圈最简单的电路模型用一个电感元件表达;当电感线圈的电阻对电路性能有较大影响时,电路模型可用电阻元件与电感元件的串联表达;当工作频率足够高时,电感线圈也存在一定的电容效应,这时,其电路模型中还要使用电容元件。

本课程主要介绍电路分析的常用方法、半导体器件基础知识、一些基本电路的工作原理和电磁现象,为后续专业课程的学习奠定必要的电路分析基础。

1.1　电流和电压的参考方向

电流和电压是电路中最常用的两个变量。图 1-1 所示为电路中的一段导线,沿指定方向单位时间通过导线横截面的电荷定义为电流,其数学表达式为

$$i = \lim_{\Delta t \to 0} \frac{\Delta q}{\Delta t} = \frac{\mathrm{d}q}{\mathrm{d}t} \tag{1-1}$$

式中：t 表示时间,单位 s(秒)；q 表示沿箭头方向流动的电荷,单位 C(库[仑])；i 表示 t 时刻的电流 $i(t)$,单位 A(安[培])。

图 1-1 导线中的电流

当电流 i 已知时,由式(1-1)可求出(t_0,t_1)区间流过导线横截面的电荷(量)为

$$q = \int_{t_0}^{t_1} i\mathrm{d}t \qquad (1-2)$$

电荷 q 是代数量,负值代表负电荷。金属导线中,在电场作用下,只有带负电的电子能够形成电流。等效地,也可以假设导线中流动的是正电荷,不过,正电荷与负电荷的流动方向相反。把正电荷的流动方向称为电流的真实方向。图 1-2(a)中,若正电荷沿箭头方向流动,则该方向上通过导线横截面的电荷 q 增大,式(1-1)中 q 的导数大于零,即电流 $i>0$；若正电荷逆箭头方向流动,则箭头方向上通过导线横截面的电荷 q 减小,这时,q 的导数即电流 $i<0$,如图 1-2(b)所示(图中导线旁的小圆圈表示正电荷)。可见,如果电流 i 是代数量,则无论正电荷是否沿箭头标出的方向流动,正电荷的流动方向完全反映在 i 值的正负号中。

图 1-2 电流的参考方向

箭头指定的电流方向实际上是正电荷流动方向的一种假设,称为电流的参考方向(reference direction)。以参考方向来定义的电流是代数量,数值的正负号反映了电流的真实方向,故而电流的参考方向可以任意指定。

参考方向下定义的电流为电路分析提供了方便。实际电路可能比较复杂,分析前可能难以判断电流的真实方向,但可以为该电流指定一个参考方向。只有明确给定电流的参考方向,电流 i 的函数表示才有实际意义,故而在书写某一电流的表达式时,除特殊约定外,必须在电路图中明确标出参考方向。参考方向一旦指定后,就不能再对其更改,否则势必造成有关数学式表示意义的混乱。今后,电流都是在参考方向下来说的。

若定义电路元件内部是不能积累净电荷的,对二端元件,在任一时刻,从一个端子流进的电流等于从另一个端子流出的电流,故而流经二端元件的电流只需在其中的一个端子上标注。

当二端元件有电流流经时,必然伴随着能量的吸收或发出。设在$(t, t+\Delta t)$区间内,流经二端元件的电荷量为Δq,电场力所做的功为ΔW,则定义元件上的电压

$$u = \lim_{\Delta t \to 0} \frac{\Delta W}{\Delta q} = \frac{\mathrm{d}W}{\mathrm{d}q} \tag{1-3}$$

式中:W 表示能量,单位 J(焦[耳]);u 称为二端元件上的电压,或电势差,单位 V(伏[特])。在电路图中,用一对“＋、－”表示电压的极性,即电位的“高”和“低”,如图 1-3 所示(图中矩形框表示二端元件)。

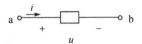

图 1-3　二端元件上的电压

与电流一样,电压也取代数量。设 a 点到 b 点的电压为u_{ab},则 b 点到 a 点的电压 $u_{ba} = -u_{ab}$,如图 1-4 所示。图 1-4 中,a 点的电位高于 b 点的电位 12 V,或者说,b 点的电位低于 a 点的电位 12 V。

人为假设的电压极性“＋、－”称为电压的参考极性或参考方向。在给出某一电压表达式时,除特殊约定外,在电路图中必须明确标出其参考方向,如图 1-3 所示。今后,电压一律是在参考方向下来说的。

(a)　　　　　　　　　　　　　　　(b)

图 1-4　电压值的正负

1.2　正弦电流和电压

恒定不变的电流和电压称为直流(dc),常用大写符号 I 和 U 表示,以示强调。按正弦规律变化的电流或电压称为正弦交流,简称交流(ac)。由于正弦交流电的产生、传输和分配相对直流电有其特殊的优越性,世界各国普遍采用交流输电。正弦电压用余弦或正弦函数表示,设

$$u = U_{\mathrm{m}}\cos(\omega t + \alpha) \tag{1-4}$$

式中:U_{m}、ω 和 α 均为常数。设 $U_{\mathrm{m}} > 0$,正弦量的值是正负交替变化的,$-U_{\mathrm{m}} \leqslant u \leqslant U_{\mathrm{m}}$,$U_{\mathrm{m}}$ 称为正弦电压的振幅。

正弦电压具有周期性,设周期为 T,即

$$u(t+T) = u(t)$$
$$U_m\cos(\omega t + \omega T + \alpha) = U_m\cos(\omega t + \alpha)$$

得 $\omega T = 2\pi$,则周期

$$T = \frac{2\pi}{\omega}$$

周期的倒数称为频率,用 f 表示,它表示 1 s 内波形重复的次数:

$$f = \frac{1}{T} = \frac{\omega}{2\pi}$$

频率 f 的单位 Hz(赫[兹]);ω 称为角频率,单位 rad/s。我国电力系统交流电采用的频率为 50 Hz,即 1 s 内波形重复 50 次。

α 是正弦量在 $t=0$ 时刻的相位,称为初相,用度或弧度表示,通常取 $|\alpha| \leqslant 180°$。正弦电压 u 在 $\alpha > 0$ 时的波形如图 1-5 中实线所示(横轴取 ωt),它是把 $U_m\cos(\omega t)$(图中虚线波形)左移 α 的波形。

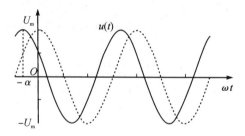

图 1-5　正弦电压的波形

类似地,正弦电流可表示为

$$i = I_m\cos(\omega t + \beta) \tag{1-5}$$

式中:I_m 表示振幅;β 表示初相。

两个同频正弦量之间的"先后"用相位差描述,u 与 i 之间的相位差 φ 为

$$\varphi = (\omega t + \alpha) - (\omega t + \beta) = \alpha - \beta$$

同频率正弦量的相位差等于它们的初相之差,与 t 无关,一般在 $-180° \leqslant \varphi \leqslant 180°$ 内取值。常采用"超前"和"滞后"等术语表示两个正弦波的"先后":

若 $\varphi > 0$,称 u 超前 i 相位 φ,或 i 滞后 u 相位 φ;

若 $\varphi < 0$,称 i 超前 u 相位 $-\varphi$;

若 $\varphi = 0$,则 u 和 i 同时过零点,同时到达最大值,称二者同相;

若 $|\varphi| = \pi$,则一个为最大值时另一个为最小值,称二者反相;

若 $|\varphi| = \pi/2$,称 u 与 i 正交。

相位差可以通过观察波形确定,在一个周期内两个波形的极大(小)值之间不

大于 180°的角度值,即为二者的相位差,极值点排列在左边的为超前波形,如图 1-6
所示。相位差与计时零点的选取无关。

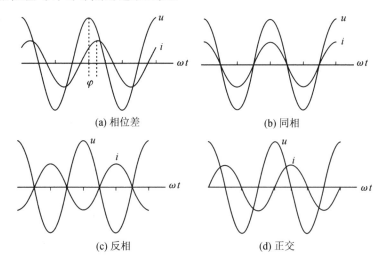

(a) 相位差　　　　　　　　(b) 同相

(c) 反相　　　　　　　　　(d) 正交

图 1-6　同频正弦量的相位差

例 1-1　已知 $u_1 = 3\cos(314t + 30°)$ V,$u_2 = -4\sin(314t)$ V,求 u_1 与 u_2 的相位差 φ。

解　利用三角函数等式关系:

$$\sin x = \cos(x - 90°)$$

将 u_2 改写成

$$u_2 = -4\cos(314t - 90°) \text{ V} = 4\cos(314t + 90°) \text{ V}$$

u_1 与 u_2 的初相分别是 30°和 90°,则 u_1 与 u_2 的相位差

$$\varphi = 30° - 90° = -60°$$

即 u_1 的相位比 u_2 的相位滞后 60°。

周期量的瞬时值随时间变化,为了在整体上度量其"大小",定义

$$U = \sqrt{\frac{1}{T}\int_0^T u^2 \, \mathrm{d}t} \tag{1-6}$$

上式所定义的 U 称为周期电压 u 的有效值,或 rms 值(root-mean-square),用大写
符号表示。根据定义,有效值不可能为负值。若电压 u 为正弦

$$u = U_m\cos(\omega t + \alpha)$$

把它代入式(1-6),得

$$U = \sqrt{\frac{1}{T}\int_0^T U_m^2 \cos^2(\omega t + \alpha) \, \mathrm{d}t}$$

$$U = \frac{U_m}{\sqrt{2}}$$

即正弦电压的有效值 U 等于其振幅 U_m 除以 $\sqrt{2}$。注意：上式关系只适用于正弦电压，但式(1-6)给出的有效值定义适用于所有周期电压。我国家庭用交流电的额定电压 220 V 指有效值，不是振幅，也不是绝对平均值。正弦电压也常表示成如下形式：

$$u = \sqrt{2}U\cos(\omega t + \alpha)$$

同理，周期电流 i 的有效值 I 定义为

$$I = \sqrt{\frac{1}{T}\int_0^T i^2 \, dt} \tag{1-7}$$

正弦电流的有效值 I 等于其振幅 I_m 除以 $\sqrt{2}$，正弦电流也常表示成

$$i = \sqrt{2}I\cos(\omega t + \beta)$$

交流电气设备铭牌上标出的额定电压、电流，交流电压表、交流电流表显示的数值都是有效值。在使用电压表和电流表时注意：

(1)测量流经二端电路的电流时，电流表按其电流方向必须与其串联；测量二端电路上的电压时，电压表按其极性必须与其并联，错误连接很可能损坏仪表。

(2)根据待测量的波形正确选用直流表和交流表。

(3)待测量的值不得超过仪表量程。

例 1-2　已知电压 u 由直流分量 U_0 和正弦分量组成，即

$$u = U_0 + U_{1m}\cos(\omega t + \alpha)$$

其中 U_{1m} 表示正弦分量的振幅，求电压 u 的有效值。

解　u^2 的平均值有 3 项：

$$\frac{1}{T}\int_0^T U_0^2 \, dt = U_0^2$$

$$\frac{1}{T}\int_0^T [U_{1m}\cos(\omega t + \alpha)]^2 \, dt = \frac{1}{2}U_{1m}^2$$

$$\frac{1}{T}\int_0^T 2U_0 U_{1m}\cos(\omega t + \alpha) \, dt = 0$$

故电压 u 的有效值

$$U = \sqrt{U_0^2 + \frac{1}{2}U_{1m}^2}$$

结束本节前，简要介绍物理量单位的词头。工程中，电量的取值范围非常宽，如电力系统的电压等级已达 10^6 V，而信号检测中的电压可小于 10^{-6} V。在国际单位制(SI)中，用一些规定的词头代表比例因子，一些常用词头如表 1-1 所示。例如：

$$1\ \mu\mathrm{A} = 10^{-6}\ \mathrm{A}$$
$$10^6\ \mathrm{V} = 1000\ \mathrm{kV} = 1\ \mathrm{MV}$$

表 1 - 1　SI 词头

比例因子	名称	符号
10^9	giga,吉	G
10^6	mega,兆	M
10^3	kilo,千	k
10^{-3}	milli,毫	m
10^{-6}	micro,微	μ
10^{-9}	nano,纳	n
10^{-12}	pico,皮	p

本书中,表示物理量的符号一律使用斜体,而物理量的度量单位及其词头均使用正体。

1.3　功率

电气设备正常工作时除要考虑电压和电流的大小外,也常要考虑其(电)功率。功率用 p 表示,定义为能量随时间的变化率:

$$p = \frac{\mathrm{d}W}{\mathrm{d}t} \tag{1-8}$$

式中:功率 p 的单位是 W(瓦[特])。

图 1 - 7 所示二端电路 N,设在 $\mathrm{d}t$ 时间内沿电流参考方向流经 $\mathrm{d}q$ 的电荷,N 吸收 $\mathrm{d}W$ 的能量,则 N 吸收的功率

$$p = \frac{\mathrm{d}W}{\mathrm{d}t} = \frac{\mathrm{d}W}{\mathrm{d}q} \cdot \frac{\mathrm{d}q}{\mathrm{d}t}$$

由式(1 - 1)和式(1 - 3),得

$$p = ui \tag{1-9}$$

上式所计算出的功率,表示 N 吸收的功率。

对二端电路,端电流和端电压的参考方向都可以独立指定,图 1 - 7 所示二端电路,电流从电压正极性端流进,$p = ui$ 表示 N 吸收的功率。图 1 - 8 所示电流从电压正极性端流出,则 N 吸收的功率为 $p = -ui$,或者说 N 发出的功率为 $p' = ui$。计算功率时,必须说明按吸收还是发出计算。

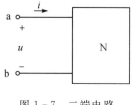
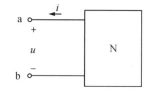

图 1-7　二端电路　　　　　　图 1-8　另一形式的参考方向

例 1-3　求图 1-9 所示两个电路各自吸收的功率。

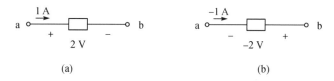

(a)　　　　　　　　　　　　　　(b)

图 1-9　例 1-3 图

解　图 1-9(a)所示电路吸收的功率为

$$p_a = ui = 2\,\text{V} \times 1\,\text{A} = 2\,\text{W}$$

图 1-9(b)所示参考方向下,电路吸收的功率为

$$p_b = -ui = -(-2\,\text{V})(-1\,\text{A}) = -2\,\text{W}$$

即该电路发出 2 W 的功率。

当功率 p 已知时,依据式(1-8),在(t_0, t_1)时间内电路吸收的能量 W 为

$$W = \int_{t_0}^{t_1} p(t)\,\mathrm{d}t \tag{1-10}$$

电气负载的用电量常用 kW·h(千瓦时)表示,日常生活中称为"度",它相当于功率是 1 kW 的负载工作 1 小时所消耗的能量,1 W·h=3600 J。

1.4　电阻

给一段均匀导电材料两端加上电压,其电场使材料中的电子定向移动,电子移动中要与原子发生碰撞,并产生一定的热量。实验表明,在材料性质未发生改变的情况下,电压大小正比于电流,其比例系数与材料的组成和几何形状有关。为描述这一现象,电路理论中定义了电阻元件,其图形符号如图 1-10 所示。在图示参考方向下,电压与电流的关系式(voltage current relationship, VCR)可表示为

$$u_R = Ri_R \tag{1-11}$$

式中 $R \geqslant 0$, R 称为电阻,单位 Ω(欧[姆]),如 100 Ω、1 kΩ。阻值 R 越大,在相同电压下流经的电流就越小,阻止电流通过的能力就越强。式(1-11)给出的 VCR 称为欧姆定律。特别指出:在书写电阻元件的 VCR 时,一定要注意参考方向,若电流

从电压正极性端流出,则其正确的 VCR 为 $u_R = -Ri_R$,负号一定不能漏写,否则,会导致完全错误的计算结果。

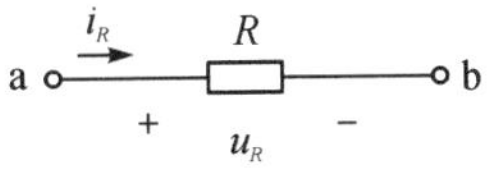

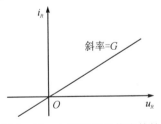

图 1-10　电阻元件的图形符号

对一段柱形均匀材料,两端点间的电阻 R 取决于材料的种类、长度和截面积,为

$$R = \rho \frac{l}{A} \tag{1-12}$$

即电阻 R 与长度 l 成正比,与截面积 A 成反比;ρ 为材料的电阻率,单位 $\Omega \cdot m$。电阻率不仅与材料种类有关,而且还与温度、压力和磁场等外界因素有关。例如,白炽灯灯丝在正常通电和非通电两种情况下的电阻率相差悬殊。

电阻率较低的物质称为导体,一般为金属材料;电阻率较高的物质如玻璃、橡胶等,称为绝缘体;介于导体和绝缘体之间的物质,如硅和锗等,称为半导体。

式(1-11)也可表示成如下形式:

$$i_R = Gu_R \tag{1-13}$$

其中

$$G = \frac{1}{R}$$

G 称为电导,单位 S(西[门子]),流经电阻元件的电流与其电导 G 成正比。

电阻元件的电特性用电压和电流的关系式表征,其函数图像称为伏安特性。线性电阻元件的伏安特性是一条过原点的直线,与元件上电压和电流的波形无关,如图 1-11 所示。在 u-i 平面上(横坐标是 u,纵坐标是 i),直线的斜率等于其电导 G。

图 1-11　电阻元件的伏安特性

考虑两种极端情况。当 $R=0$ 时,其伏安特性与电流轴重合,电压 u_R 总是零,与流经的电流无关,称其短路;当电阻元件的 $G=0$ 时,其伏安特性与电压轴重合,电流 i_R 总是零,称其开路。

如无特别指出,"电阻"一词及符号 R 指电阻元件或其电阻值。

根据功率计算式,图 1-10 所示电阻元件吸收的功率为

$$p = u_R i_R = R i_R^2 = G u_R^2 \tag{1-14}$$

实际电阻器的电阻 R 不可能为负值,故 $p \geqslant 0$,即实际电阻器不会发出功率,为耗能型元件。

当电压和电流是周期量时,电阻元件的瞬时功率也是周期的,可以用其平均值整体上度量其大小,称为平均功率,用大写符号 P 表示,定义为

$$P = \frac{1}{T} \int_0^T p \, \mathrm{d}t \tag{1-15}$$

其中 T 表示电压和电流的周期。电阻 R 吸收的平均功率 P 为

$$P = R \cdot \frac{1}{T} \int_0^T i_R^2 \mathrm{d}t = \frac{1}{R} \cdot \frac{1}{T} \int_0^T u_R^2 \mathrm{d}t$$

则电阻 R 吸收的平均功率 P 可用电流或电压的有效值计算,计算式与直流功率的计算式相同:

$$P = R I_R^2 = \frac{U_R^2}{R} \tag{1-16}$$

例如,一个电阻性交流家用电器,已知其额定电压为 220 V,功率为 1 kW,则其电阻值为

$$R = \frac{U_R^2}{P} = \frac{220^2}{1000} \ \Omega = 48.4 \ \Omega$$

市售电阻器除给出电阻标称值外,还给出功率的上限,如 1/8 W、1/4 W、1/2 W、1 W、2 W等,在实际搭建电路时,选择的电阻器应留有一定的功率裕度,以免被烧毁。

具有图 1-11 所示直线特性的电阻称为线性电阻;当伏安特性是一条通过坐标原点的曲线时,称为非线性电阻,如图 1-12 所示。工作在低频时的半导体二极管就可视作非线性电阻。根据电压和电流间的函数关系式,若电流是其电压的单值函数 $i = f(u)$,则称该电阻为电压控制型非线性电阻;若电压是电流的单值函数 $u = f(i)$,则称该电阻为电流控制型非线性电阻;既是电流控制型的又是电压控制型的电阻称为单调型电阻。伏安特性曲线奇对称的电阻称为双向性电阻,它的两个端子在电特性上没有区别。对单向性电阻,当两个端子交换时,电路的功能将发生根本性改变。

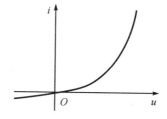

图 1-12　非线性电阻伏安特性示例

1.5 电压源和电流源

干电池、家庭交流电插座上的电压几乎与所接负载无关,常用电压源表示。理想电压源的图形符号如图 1-13(a)所示,两个端子间的电压 u_{ab} 与所接负载无关(负载不允许短路),为某一给定的时间函数 u_S,即

$$u_{ab} = u_S$$

u_S 为恒定值 U_S 时称为直流电压源,也可用图 1-13(b)所示的图形符号表示,符号中长线上的端子隐含电压的正极性。

理想电压源的端电压取决于电压源本身,与所连接的负载完全无关,而端电流却与负载相关,在具体负载给定时,才能确定出其电流的大小。直流电压源 U_S 的伏安特性为垂直于电压轴的直线,如图 1-13(c)所示。

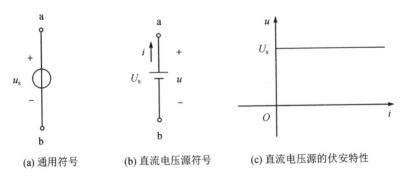

(a) 通用符号   (b) 直流电压源符号   (c) 直流电压源的伏安特性

图 1-13 理想电压源

类似地,当端电流不受所连接负载变化的影响时,称其为电流源,实际电流源多用电子电路实现。理想电流源的图形符号如图 1-14 所示,它的端电流 i_S 与连接的负载无关(负载不允许开路),按某一给定的时间函数变化。

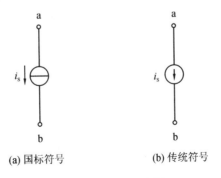

(a) 国标符号   (b) 传统符号

图 1-14 理想电流源

　　理想电流源的端电流取决于电流源本身,与所接负载无关,而端电压与负载相关,在具体负载给定时才能确定。直流电流源 I_S 的伏安特性为垂直于电流轴的直线。

　　电压源和电流源在电路中不一定发出功率,也有可能是吸收功率的。例如在图 1-15 所示电路中,对 5 V 电压源,1 A 电流按电压降方向流动,故该电压源吸收 5 W 的功率;还可求出 1 A 电流源发出 5 W 的功率。

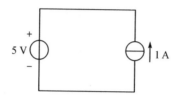

图 1-15　电源的功率

　　上述理想电压源的电压和理想电流源的电流均独立于电路存在,故把它们分别称为独立电压源和独立电流源,统称为独立源(independent source)。对半导体三极管等多端器件,在特定条件下,输出端的电流是输入端电流或电压的函数,这种受控制的电流(或电压)称为受控电流源(或受控电压源),用菱形符号表示。受控源是为了电路分析的需要而定义的,没有相应的系列化商用器件。

　　图 1-16(a)所示为电压控制的电压源(voltage controlled voltage source,VCVS),输出电压 u_d 受 u_1 控制,为

$$u_\mathrm{d} = \alpha u_1 \tag{1-17}$$

式中:α 是与控制电压 u_1 无关的比例系数,量纲为 1。图 1-16(b)所示为电流控制的电压源(current controlled voltage source,CCVS),输出电压

$$u_\mathrm{d} = r i_1 \tag{1-18}$$

式中系数 r 具有电阻的量纲,称为跨阻。

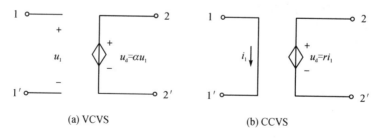

(a) VCVS　　　　　　　　　(b) CCVS

图 1-16　受控电压源

　　电压控制的电流源(voltage controlled current source,VCCS)如图 1-17(a)所示,输出电流

$$i_\mathrm{d} = g u_1 \tag{1-19}$$

式中:系数 g 具有电导的量纲,称为跨导。电流控制的电流源(current controlled current source,CCCS)如图 1-17(b)所示,输出电流

$$i_d = \beta i_1 \tag{1-20}$$

式中:β 量纲为 1,称为电流比例系数。

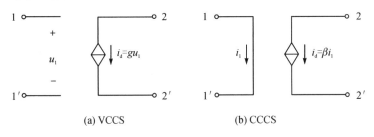

(a) VCCS   (b) CCCS

图 1-17 受控电流源

在电路图中,受控源的控制量一定要明确标出,在如图 1-18 所示电路中,受控电流源的控制量是电流 i。

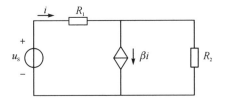

图 1-18 存在受控源的电路

受控源与独立源有着质的不同。受控源表示电压、电流间的一种控制关系,不是电路的输入,受控电压源的电压和受控电流源的电流不能独立存在,故而也称为非独立电源(dependent source)。对不含独立源的仅由电阻和受控源所组成的电路,电路中所有电压和电流一定为零。

受控源并非普通意义上的电源,在一定程度上它与电阻类似,它们的端特性均为代数关系,因此,一些教材中把受控源归类为多端电阻。

受控源在特定情况下能够对外提供能量,譬如,若给 VCVS 的控制端连接一个独立电压源,受控端连接上一个电阻负载,由于独立电压源的电流为零,它并不提供能量,而负载电阻要消耗能量,则该能量一定由受控源提供。

1.6 电容

平板电容器的基本结构为用电介质绝缘材料隔开的两金属薄片,如图 1-19

所示。设两个极板面积均为 A，间距为 l，电介质的介电常数为 ε，若在两个极板上聚集了等量异性电荷 q，则极板间就建立起电场，由电磁学知识可知，电荷 q 与极板间电压 u_C 成正比：

$$q = Cu_C$$

其中

$$C = \varepsilon \frac{A}{l} \qquad (1-21)$$

C 称为平行板电容器的电容，单位 F，法[拉]，它与电介质的介电常数和极板面积成正比，与极板间距成反比；介电常数 ε 的单位 F/m。

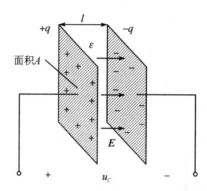

图 1-19　平行板电容器

电容元件抽象自实际电容器，用电荷和电压描述，线性电容元件的电荷 q 正比于电压 u_C，即

$$q = Cu_C \qquad (1-22)$$

比例系数 C 即电容，单位 F。实际电容器的电容值常用 μF 或 pF 表示。电容元件的图形符号如图 1-20 所示。

图 1-20　电容元件的图形符号

电容元件的端电流 i_C 为

$$i_C = \frac{\mathrm{d}q}{\mathrm{d}t} \qquad (1-23)$$

把式(1-22)代入式(1-23)得

$$i_C = C \frac{\mathrm{d}u_C}{\mathrm{d}t} \qquad (1-24)$$

式$(1-24)$是电容元件 VCR 的微分形式,电流正比于电压的变化率。注意:若电流从电压正极性端流出,其 VCR 为 $i_C = -C\mathrm{d}u_C/\mathrm{d}t$。

由式$(1-24)$,电容元件的电流正比于电压的变化率,当电压恒定时电流是零,故而直流电路中的电容元件等同于开路;当电压变化很快时电流很大。对式$(1-24)$两端在(t_0, t)区间积分,有

$$\int_{t_0}^{t} i_C(\tau)\mathrm{d}\tau = C\big[u_C(t) - u_C(t_0)\big]$$

即

$$u_C(t) = u_C(t_0) + \frac{1}{C}\int_{t_0}^{t} i_C(\tau)\mathrm{d}\tau \qquad (1-25)$$

式$(1-25)$为电容元件 VCR 的积分形式,t 时刻的电容电压 $u_C(t)$ 与之前的电流 $i_C(t)$ 都有关,该特性与电阻元件不同,电容元件的 VCR 不具有即时性。若 $t>t_0$ 时电容电流恒为零,则 $t>t_0$ 时,$u_C(t) = u_C(t_0)$,即电容电压将维持 t_0 时刻的电压不变。

由式$(1-25)$,若电流是有界的(有限值),则无论电流 $i_C(t)$ 是否存在间断点,而电压 $u_C(t)$ 一定为连续函数,即电容电压不能突变。实际电路中电流总是有界的,因而可以说电容元件的电压不会发生突变。电容电压连续这一特性在实际中被加以利用,在电子电路中,为了防止由于干扰而引起的尖峰电压,常常用电容元件来抑制电压的剧烈变化。

电容元件吸收的功率 $p_C(t)$ 为

$$p_C(t) = u_C i_C = u_C \cdot C\frac{\mathrm{d}u_C}{\mathrm{d}t}$$

$$= \frac{\mathrm{d}}{\mathrm{d}t}\left(\frac{1}{2}Cu_C^2\right)$$

由于电压为零时电容中是不可能有储能的,故电容储存的电场能量 $W_C(t)$ 为

$$W_C(t) = \frac{1}{2}Cu_C^2 \qquad (1-26)$$

可见,电容的电场能量与电压的 2 次方成正比。当电压绝对值增加时,电容被充电;当电压绝对值减小时,电容对外放电。

例 1-4　设电容 $C = 1\,\mu\text{F}$,$t=0$ 时的电压 $u_C(0) = 0\,\text{V}$,$t>0$ 时的 $i_C(t)$ 如图 $1-21$ 所示,求 $t>0$ 时的电容电压 $u_C(t)$,并绘出其波形。

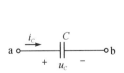 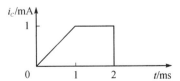

图 $1-21$　例 $1-4$ 图

解　电流 $i_C(t)$ 为

$$i_C(t) = \begin{cases} t \text{ A} & (0 < t < 1 \text{ ms}) \\ 10^{-3} \text{ A} & (1 \text{ ms} < t < 2 \text{ ms}) \\ 0 & (t > 2 \text{ ms}) \end{cases}$$

在 $0 < t \leqslant 1$ ms 区间，电容电压

$$u_C(t) = u_C(0) + \frac{1}{C}\int_0^t i_C(\tau)\mathrm{d}\tau$$

$$= 0 + \frac{1}{10^{-6}} \times \int_0^t \tau\mathrm{d}\tau$$

$$= \frac{1}{10^{-6}} \times (\frac{1}{2}t^2) \text{ V}$$

$$u_C(1 \text{ ms}) = 0.5 \text{ V}$$

在 1 ms $< t \leqslant 2$ ms 区间，电容电压

$$u_C(t) = u_C(1 \text{ ms}) + \frac{1}{C}\int_{10^{-3}}^t i_C(\tau) \mathrm{d}\tau$$

$$= 0.5 + \frac{1}{10^{-6}} \times \int_{10^{-3}}^t 10^{-3}\mathrm{d}\tau$$

$$= 10^3 t - 0.5 \text{ V}$$

$$u_C(2 \text{ ms}) = 10^3 \times 2 \times 10^{-3} - 0.5 = 1.5 \text{ V}$$

当 $t > 2$ ms 时，电流为零，电容电压保持不变，故

$$u_C(t) = u_C(2 \text{ ms}) = 1.5 \text{ V}$$

在 $t > 2$ ms 的区间，尽管电流为零，但电压维持 $t = 2$ ms 时的电压。电容电压 $u_C(t)$ 的波形如图 $1-22$ 所示。该例证实，在 $t = 2$ ms 处，尽管电容电流发生突变，但电容电压连续。

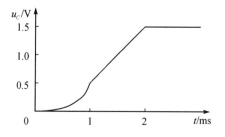

图 $1-22$　例 $1-4$ 中电容电压的波形

　　实际电容器只能在一定的电压范围内工作，如果电压过高，电容器中的电介质就会被击穿，这时，电容器就丧失了储存电场能量的作用，因此，电容器的技术参数除了电容值外，还有工作电压的上限值。

　　在对实际电路建模时，导线与导线之间、器件内部及管脚之间都存在一定的寄

生电容。当这些寄生电容对电路性能的影响不可忽略时,电路模型中还应该考虑这些寄生电容的存在。

　　由上所述,电容元件是用电荷和电压定义的二端元件,其 VCR 不再是代数关系,而是微积分关系,电容元件具有抑制电压变化的功能。与电源不同,电容元件只能吸收或释放能量,不会产生能量,它是储存电场能量的元件。

1.7　电感

　　电感元件抽象自实际电感线圈。环形电感线圈如图 1-23 所示,设磁芯材料的磁导率为 μ,磁芯的长度为 l,磁芯的截面积为 A,线圈匝数为 N。当线圈电流为 i_L 时,由电磁学知识,磁芯中的磁通 Φ 为

$$\Phi = \frac{\mu N i_L}{l} A$$

在 SI 单位制中,磁通的单位是 Wb(韦伯)。磁通链 $\Psi = N\Phi$,则 Ψ 与 i_L 间的关系为

$$\Psi = L i_L$$

系数 L 称为环形电感线圈的电感,其大小为

$$L = \frac{N^2 \mu A}{l} \tag{1-27}$$

即电感 L 与 N^2、μ 和 A 成正比,与 l 成反比。

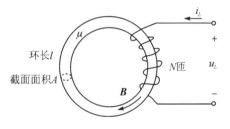

图 1-23　环形电感线圈

　　电感元件抽象自电感线圈,用磁通链和电流描述,线性电感元件的磁通链 Ψ 正比于电流 i_L,即

$$\Psi = L i_L \tag{1-28}$$

比例系数 L 称为电感,单位 H(亨[利]),1 H=1 Wb/A。电感元件的图形符号如图 1-24 所示。

　　若电感线圈上电流从电压正极性端流进,根据法拉第电磁感应定律,电压 u_L 与磁通链 Ψ 的关系式为

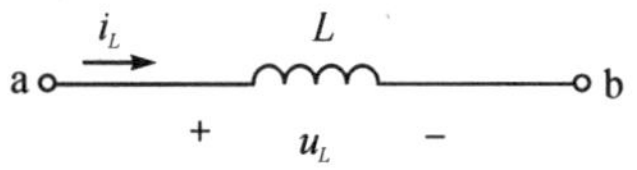

图 1-24　电感元件

$$u_L = \frac{\mathrm{d}\Psi}{\mathrm{d}t} \tag{1-29}$$

由式(1-28)和式(1-29)得

$$u_L = L\frac{\mathrm{d}i_L}{\mathrm{d}t} \tag{1-30}$$

式(1-30)是电感元件 VCR 的微分形式,电压正比于电流的变化率。当电流 i_L 恒定不变时,由式(1-30),电感上电压为零,此时电感元件等同于短路。当电流发生剧变时,则电感上电压很大,实际中可利用这一原理产生比较大的电压。

对式(1-30)在(t_0, t)区间积分,有

$$\int_{t_0}^{t} u_L(\tau)\mathrm{d}\tau = L\big[i_L(t) - i_L(t_0)\big]$$

即

$$i_L(t) = i_L(t_0) + \frac{1}{L}\int_{t_0}^{t} u_L(\tau)\mathrm{d}\tau \tag{1-31}$$

式(1-31)为电感元件 VCR 的积分形式,可见,t 时刻的电感电流 $i_L(t)$ 与 $i_L(t_0)$ 和 (t_0, t) 内的电压有关。当电压有界时,无论电压是否连续,而电流 i_L 总为时间的连续函数,即电感电流不能突变。若 $t > t_0$ 时电感上的电压为零,则 $i_L(t) = i_L(t_0)$,因而对理想电感短路后,电感元件的电流、磁通链和储能均保持不变。

电感元件吸收的功率 $p_L(t)$ 为

$$p_L(t) = u_L i_L = L\frac{\mathrm{d}i_L}{\mathrm{d}t} \cdot i_L = \frac{\mathrm{d}}{\mathrm{d}t}\big(\frac{1}{2}Li_L^2\big)$$

由于电流为零时电感中不会有磁场,故电感元件储存的磁场能量 $W_L(t)$ 为

$$W_L(t) = \frac{1}{2}Li_L^2$$

可见,电感元件储存的磁场能量与电流的 2 次方成正比。

由上所述,电感元件是用磁通链和电流变量定义的二端元件,其 VCR 是微分或积分形式,当电感上的电压有界时,流经电感的电流一定连续。电感元件不能产生能量,是储存磁场能量的元件。

习题 1

1-1　流经某一导线的电流如题 1-1 图所示,求在$(0, 2\,\mathrm{ms})$内通过导线横截

面的总电荷。

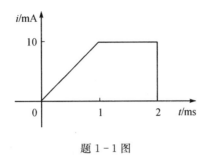

题 1-1 图

1-2　画出下列 2 个正弦电压的波形,并求它们的相位差。

$$u_1 = 10\cos(\omega t + 45°)\ \text{V}$$

$$u_2 = 5\sin(\omega t - 30°)\ \text{V}$$

1-3　求下列各电压的有效值。

(1)$u = 6 + 8\sqrt{2}\cos(\omega t)\ \text{V}$

(2)$u = 220\sqrt{2}\cos(\omega t) - 220\sqrt{2}\cos(\omega t - 120°)\ \text{V}$

(3)$u = U_0 + \sqrt{2}U_1\cos(\omega t + \alpha_1) + \sqrt{2}U_2\cos(2\omega t + \alpha_2)$

1-4　求题 1-4 图中各二端电路吸收的功率。

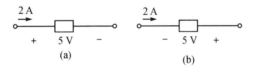

题 1-4 图

1-5　已知某电路在 $t>0$ 时吸收的功率 $p = \text{e}^{-2t}$ W,求该电路在 $0<t<+\infty$ 范围内所吸收的能量。

1-6　已知电容 C 上电压为无始无终的正弦电压,$u_C = \sqrt{2}U_C\cos(\omega t)$,求电容电流的有效值 I_C。

1-7　已知 10 μF 电容上电压

$$u_C = 100t\text{e}^{-50t}\ \text{V}\quad(t>0)$$

(1)绘出电压 u_C 的波形;

(2)求电流 i_C(设电流从电压正极性端流进);

(3)求电场能量最大值出现的时刻。

1-8　在题 1-8 图所示电路中,已知 $R = 20\ \Omega$,$C = 10\ \mu$F,电容上电压

$$u_C = 100(1 - \text{e}^{-\frac{t}{RC}})\ \text{V}\quad(t>0)$$

求：(1)电流 i；(2)电压源电压 u_S。

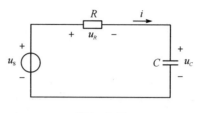

题 1-8 图

1-9　用占空比为 50% 的周期矩形脉冲电流源给 $C=10\ \mu F$ 的电容充电，设电流最大值是 1 A，周期 $T=20\ ms$，求每一周期电容获得的能量。

1-10　已知 5 μF 电容上的电压为

$$u_C = \begin{cases} 50\ V & t < 0 \\ Ae^{-100t} + Be^{-800t} & t \geqslant 0 \end{cases}$$

求：(1)存储在电容中的初始能量；(2)若电容电流在 $t=0$ 时刻后瞬间的值为 10 mA，求上式中 A 和 B 的值；(3) $t>0$ 时的电容电流。

第2章　等效电阻

　　串联和并联是二端元件常用的连接方式,电阻串联时实现分压功能,电阻并联时实现分流功能,仅由电阻元件组成的二端电路能够用一个电阻等效。本章介绍电阻串联、并联、星联和三角联电路的分析。

2.1　电阻的串联和并联

　　多个二端元件,后一个的首端子连接前一个的尾端子,使流经的电流相同,称它们串联。把每个二端元件都连接在二个端子上,使电压相同,称它们并联。以图2-1所示电路为例,元件 A 与元件 B 串联,元件 C 与元件 D 并联。注意,元件 B 与元件 C 不为串联,也不为并联。

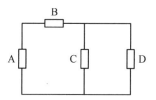

图 2-1　元件的串联和并联

　　三个电阻元件的串联如图 2-2(a)所示,端电流 i 流经每一电阻,端电压 u 按比例分配至各个电阻上,设电压参考方向如图中所示。能量守恒是自然界的一个基本规律,电路问题也不例外,任一电路中,能量一定是守恒的,故而任一时刻,二端电路(网络)吸收的总功率一定等于其内部各元件吸收功率的和,即功率平衡。图 2-2(a)所示电路中,端接电源发出的功率一定等于三个电阻吸收功率的和,即

$$ui = u_1 i + u_2 i + u_3 i$$

电压间的关系式为

$$u = u_1 + u_2 + u_3$$

　　依据电阻元件的 VCR,有

$$u_1 = R_1 i$$
$$u_2 = R_2 i$$
$$u_3 = R_3 i$$

当端电压 u 给定时,利用以上四式就可以解出电流 i 和各电阻上的电压。对该电路,如果先求出电流 i,则依据电阻元件的 VCR 很容易求出各电阻上的电压,因此,先建立电流 i 满足的数学方程,有

$$u = (R_1 + R_2 + R_3)i$$

上式表明,电流 i 与电压 u 成线性代数关系,它与阻值为

$$R = R_1 + R_2 + R_3$$

的单个电阻具有完全相同的 VCR,故称 R 为等效电阻,如图 2-2(b)所示,它等于各串联电阻的阻值之和。利用求出的等效电阻,电流 i 为

$$i = \frac{u}{R}$$

由电阻元件的 VCR,图 2-2(a)中各电阻上的电压 u_k 为

$$u_k = \frac{R_k}{R}u \quad (k = 1, 2, 3) \tag{2-1}$$

式(2-1)称为电阻分压公式,该式表明:电阻值越大,其上的电压也越大,各电阻上电压之比等于电阻值之比。在指针式多用表中,正是利用电阻串联的分压作用,把表笔上比较大的电压降低到表头所容许的电压范围,以测量较大范围的电压。

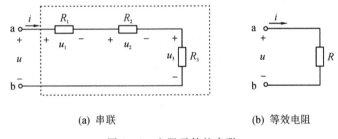

(a) 串联　　　　　　　　(b) 等效电阻

图 2-2　电阻元件的串联

三个电阻元件的并联如图 2-3(a)所示,各电阻两端的电压均等于 u,电流参考方向如图中所示。依据功率平衡,端电源发出的功率等于三个电阻元件吸收功率的和,即

$$ui = ui_1 + ui_2 + ui_3$$

得

$$i = i_1 + i_2 + i_3$$

即该电路中端电流等于各电阻电流之和。

依据电阻元件的 VCR,流经各元件的电流分别为

$$i_1 = G_1 u$$

$$i_2 = G_2 u$$

$$i_3 = G_3 u$$

由以上四式得端电流 i 为

$$i = (G_1 + G_2 + G_3)u \tag{2-2}$$

上式与电导为

$$G = G_1 + G_2 + G_3$$

的单个电阻元件具有完全相同的 VCR,故称上式中的 G 为等效电导,它等于各并联电阻元件电导的和,如图 2-3(b)所示。由于等效电导大于任一电导,故等效电阻小于并联电阻中最小值的电阻。当端电流 i 已知时,可得端电压 u 为

$$u = \frac{i}{G}$$

流经各电阻的电流为

$$i_k = \frac{G_k}{G}i \quad (k = 1, 2, 3) \tag{2-3}$$

两个电阻 R_1 和 R_2 并联时,设等效电阻为 R,则由 $G = G_1 + G_2$,而 $G = \frac{1}{R}$,$G_1 = \frac{1}{R_1}$,$G_2 = \frac{1}{R_2}$,得

$$\frac{1}{R} = \frac{1}{R_1} + \frac{1}{R_2}$$

$$R = \frac{R_1 R_2}{R_1 + R_2} \tag{2-4}$$

电阻中电流为

$$\begin{cases} i_1 = \dfrac{R_2}{R_1 + R_2}i \\ i_2 = \dfrac{R_1}{R_1 + R_2}i \end{cases} \tag{2-5}$$

该分流公式表明:阻值小的电阻分配到的电流较大。在指针式多用表中,利用这一原理,给表头并联适当大的电阻,可用来测量超过表头量限的电流。

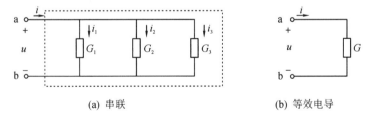

(a) 串联　　　　　　　　　　(b) 等效电导

图 2-3　电阻元件的并联

例 2-1　电路如图 2-4 所示,求 a-b 端的等效电阻 R。

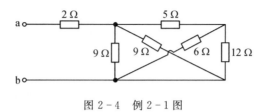

图 2 - 4　例 2 - 1 图

解　在本例电路中,6 Ω 电阻与 12 Ω 电阻并联,可表示为 6 Ω∥12 Ω,再与 5 Ω 电阻串联,该部分的等效电阻 R' 为

$$R' = 5 \ \Omega + \frac{6 \times 12}{6 + 12} \ \Omega = 9 \ \Omega$$

R' 与电路中两个 9 Ω 电阻并联,由于这三个电阻相等,其等效电阻 R'' 为

$$R'' = \frac{9 \ \Omega}{3} = 3 \ \Omega$$

R'' 再与 2 Ω 电阻串联,故 a - b 端的等效电阻

$$R = 2 \ \Omega + R'' = 5 \ \Omega$$

例 2 - 2　电路如图 2 - 5 所示,设端电流 $i = 1 \ A$,求该电路吸收的功率 p 和电流 i_4。

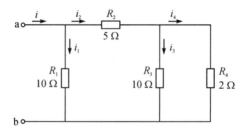

图 2 - 5　例 2 - 2 图

解　电阻 R_3 与 R_4 并联,再与 R_2 串联,设其等效电阻为 R',则

$$R' = R_2 + R_3 \ /\!/ \ R_4$$

$$= 5 \ \Omega + \frac{10 \times 2}{10 + 2} \ \Omega$$

$$= \frac{20}{3} \ \Omega$$

R_1 与 R' 为并联,则电路的等效电阻 R 为

$$R = R_1 \ /\!/ \ R' = \frac{10 \times \dfrac{20}{3}}{10 + \dfrac{20}{3}} \ \Omega = 4 \ \Omega$$

由此得该电路吸收的功率为

$$p = Ri^2 = 4 \text{ W}$$

利用分流公式,电流 i_2 为

$$i_2 = \frac{R_1}{R_1 + R'}i = \frac{10}{10 + \frac{20}{3}} \times 1 \text{ A} = \frac{3}{5} \text{ A}$$

电流 i_4 为

$$i_4 = \frac{R_3}{R_3 + R_4}i_2 = \frac{10}{10 + 2} \times \frac{3}{5} \text{ A} = \frac{1}{2} \text{ A}$$

2.2 星联与三角联电阻的等效变换

在图 2-6 所示电路中,各电阻的连接不为串并联结构,本节介绍这类电路等效电阻的一种求解方法。

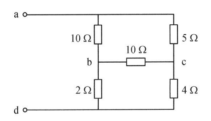

图 2-6 非串并联结构的电路

如图 2-7(a)和(b)所示的两个三端电路,三个电阻分别连接成星形(或 Y 形)和三角形(或△形),星联电路中,每个端子与 n 点间有一个电阻,三角联电路中,每二个端子间连接一个电阻。

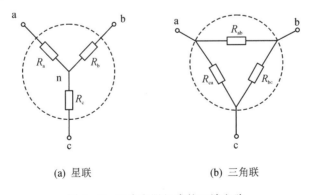

(a) 星联   (b) 三角联

图 2-7 三个电阻组成的三端电路

这两个电路都由三个电阻组成,若把一个端子悬空(端电流为零),其余二个端子间的等效电阻相等,则在端子上它们的作用完全相同,这两个电路等效。端子 c 悬空时,星联、三角联电路 a - b 端的等效电阻分别为

$$R_a + R_b$$

$$R_{ab} \mathbin{/\!/} (R_{bc} + R_{ca}) = \frac{R_{ab}(R_{bc} + R_{ca})}{R_{ab} + R_{bc} + R_{ca}}$$

当这两个电路等效时,它们必须相等

$$R_a + R_b = \frac{R_{ab}(R_{bc} + R_{ca})}{R_{ab} + R_{bc} + R_{ca}}$$

同理,端子 a 悬空时,b - c 端的等效电阻相等

$$R_b + R_c = \frac{R_{bc}(R_{ab} + R_{ca})}{R_{ab} + R_{bc} + R_{ca}}$$

端子 b 悬空时,c - a 端的等效电阻相等

$$R_c + R_a = \frac{R_{ca}(R_{ab} + R_{bc})}{R_{ab} + R_{bc} + R_{ca}}$$

若三角联电路已知,从以上三个等式解出星联电路的电阻值为

$$\begin{cases} R_a = \dfrac{R_{ab}R_{ca}}{R_{ab} + R_{bc} + R_{ca}} \\[2mm] R_b = \dfrac{R_{ab}R_{bc}}{R_{ab} + R_{bc} + R_{ca}} \\[2mm] R_c = \dfrac{R_{bc}R_{ca}}{R_{ab} + R_{bc} + R_{ca}} \end{cases} \qquad (2-6)$$

即

$$星联电阻 = \frac{端子上三角联两电阻的乘积}{三角联电阻的和}$$

若星联电路已知,从式(2 - 6)可推导出等效三角联电路的电导

$$\begin{cases} G_{ab} = \dfrac{G_a G_b}{G_a + G_b + G_c} \\[2mm] G_{bc} = \dfrac{G_b G_c}{G_a + G_b + G_c} \\[2mm] G_{ca} = \dfrac{G_a G_c}{G_a + G_b + G_c} \end{cases} \qquad (2-7)$$

即

$$三角联电导 = \frac{两端子上星联电导的乘积}{星联电导的和}$$

由式(2 - 7)也可得电阻值间的关系式为

$$\begin{cases} R_{ab} = R_a + R_b + \dfrac{R_a R_b}{R_c} \\[2mm] R_{bc} = R_b + R_c + \dfrac{R_b R_c}{R_a} \\[2mm] R_{ca} = R_c + R_a + \dfrac{R_c R_a}{R_b} \end{cases} \qquad (2-8)$$

当三个电阻相等时,设三角联电阻为 $R_\triangle$,星联电阻为 R_Y,可得

$$R_Y = \frac{1}{3} R_\triangle \quad 或 \quad R_\triangle = 3 R_Y \qquad (2-9)$$

即三个电阻相等时,星联电阻值是三角联的 1/3。

例 2-3　电路如图 2-6 所示,求 a-d 端的等效电阻。

解　图 2-6 所示电路不为串并联结构,但若把 $10\,\Omega$、$10\,\Omega$ 和 $5\,\Omega$ 组成的三角联等效变换为星联,如图 2-8 所示。注意点 n 在原电路中是没有的,变换后的三个电阻分别连接在点 a、b、c 上。为清楚起见,图中用虚线画出了原电路中被等效部分的三个电阻。可计算出:

$$10\,\Omega + 10\,\Omega + 5\,\Omega = 25\,\Omega$$

$$R_a = \frac{10 \times 5}{25}\,\Omega = 2\,\Omega$$

$$R_b = \frac{10 \times 10}{25}\,\Omega = 4\,\Omega$$

$$R_c = \frac{10 \times 5}{25}\,\Omega = 2\,\Omega$$

图 2-8 所示等效电路已为串并联结构,R_b 与 $2\,\Omega$ 电阻串联的等效电阻是 $6\,\Omega$,R_c 与 $4\,\Omega$ 电阻串联的等效电阻也是 $6\,\Omega$,故该电路的等效电阻为

$$R = R_a + (R_b + 2\,\Omega) \; /\!/ \; (R_c + 4\,\Omega) = 5\,\Omega$$

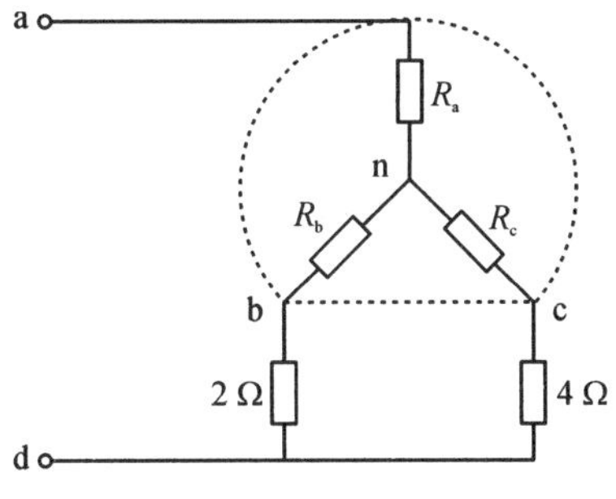

图 2-8　应用△-Y 变换后的电路

本题也可把 $2\,\Omega$ 和两个 $10\,\Omega$ 电阻组成的星联等效变换为三角联,变换后的电路也为串并联结构。

习题 2

2-1　在题2-1图所示电路中,已知元件 A 发出 10 W 的功率,元件 B 吸收 30 W 的功率,元件 C 上的电压 $u_C=10$ V,求电压 u_A 和 u_B。

2-2　求题2-2图所示电路中的电流 i 和电压 u。

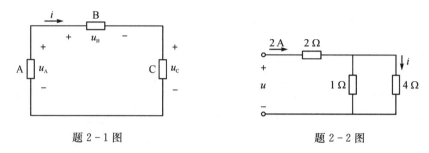

题2-1图　　　　　　　　　　　　　　題2-2图

2-3　电路如题2-3图所示,求 a-b 端的等效电阻。

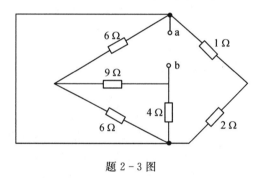

题2-3图

2-4　题 2-4 图所示电路中,各电阻值的容差均为 10%,求电压 u 可能的范围。

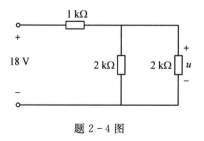

题2-4图

2-5　设题2-5图所示电路中各电阻的阻值均为 R,若从点 a 和点 b 各引出一个端子,求其等效电阻 R_{ab}。

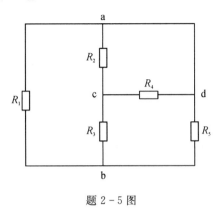

题 2－5 图

2－6　若有三个阻值均为 R 的电阻,用它们可实现的等效电阻有哪些值?

2－7　设题 2－7 图所示三端电路 N 由线性电阻组成,从端子 1 与 2、1 与 3、2 与 3 测得的等效电阻分别为 9 Ω、12 Ω、15 Ω,试求 N 的星联等效电路和三角联等效电路。

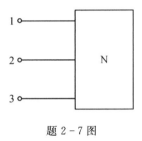

题 2－7 图

2－8　试将题 2－8 图所示三端电路化简成星联电路。

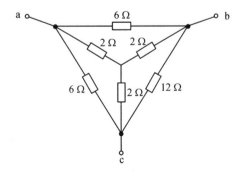

题 2－8 图

2－9　求题 2－9 图所示电路 a－b 端的等效电阻。

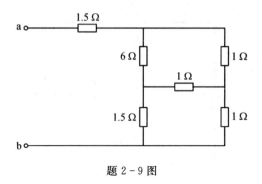

题 2－9 图

第3章 电路分析常用方法

由电阻、受控源和独立源组成的电路称为电阻电路,仅由线性元件组成的电路称为线性电路。本章以线性电阻电路为对象,介绍电路分析的一些常用方法:方程法、叠加法和等效变换法,这些方法在本书后续各章中都会有所涉及和使用。学习本章后,读者应具备能够恰当运用这些方法分析任一复杂线性电阻电路的能力。

3.1 基尔霍夫定律

电路中的电压和电流一方面要受到元件本身限定的约束,另一方面与元件的连接结构有关。德国物理学家基尔霍夫(G. R. Kirchhoff)给出了现以他名字命名的电流定律和电压定律,这两个定律在电路分析中的重要性正如牛顿定律在运动力学中的地位。基尔霍夫定律只与电路结构相关,而与电路元件的种类无关,也与电路元件是否线性无关。

电路元件间的连接关系用结点和支路描述。元件与元件的连接点称为结点,两个结点间的每一电流通路称为支路。以图 3-1 所示电路为例,方框表示电路元件,该电路共有 4 个结点,分别用数字 0、1、2、3 标注,支路 A 连接在结点 1 与 3 上,支路 B 连接在结点 1 与 2 上。结点 1 上连接的支路有{A, B, D},结点 2 上连接的支路有{B, C, E},结点 3 上连接的支路有{A, C, F, G},结点 0 上连接的元件有{D, E, F, G}。在绘制电路图时,3 条以上支路的连接点要用黑点"•"表示,如图中结点 3。

如图 3-1 所示,若电路中任二个结点间都存在由支路组成的通路,称其是连通的,否则是非连通的。

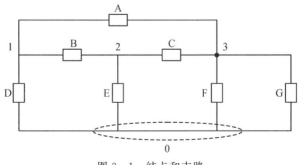

图 3-1 结点和支路

利用结点标注很容易改画电路。改画时,可先给出结点布局,再把各支路依次连接在有关结点上,每条支路只连接在 2 个结点上,图 3-2 和图 3-1 两个电路同构。

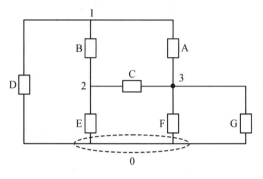

图 3-2 　同构电路

基尔霍夫电流定律(Kirchhoff's Current Law,KCL)给出了支路电流遵循的约束:电路中,在任一时刻,任一结点上支路电流的代数和为零。常表示为

$$\sum i = 0$$

其中 i 表示结点上的支路电流。由于电荷在结点上是不能积累的,依据电荷守恒定律,结点上流出与流进的电荷总量相等,又由于电流为电荷的导数,故而有上述结论。

对结点上的支路电流求代数和,在等号一端,流出与流进结点的电流要带上不同的正负号。以图 3-3 中结点 n 为例,该结点上共有 4 条支路,电流参考方向如图中所示,若按流出电流求代数和,该结点的 KCL 方程为

$$-i_1 - i_2 + i_3 + i_4 = 0$$

若电流 i_4 未知,从上式可得

$$i_4 = i_1 + i_2 - i_3$$

即在参考方向下,任一流出结点的支路电流等于该结点上其余支路流进电流的和。

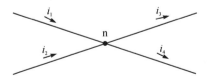

图 3-3 　对结点应用 KCL 进行分析

图 3-4 所示电路共有 4 个结点 6 条支路,支路电流的参考方向如图中所示,各结点的 KCL 方程为

结点 1：　$i_A + i_B + i_D = 0$

结点 2：　$-i_B + i_C + i_E = 0$

结点 3：　$-i_A - i_C + i_F - i_G = 0$

结点 0：　$-i_D - i_E - i_F + i_G = 0$

由结点 1 的 KCL 方程得，i_A、i_B 和 i_D 三个电流相加等于零，即在任一时刻，这三个电流不能同时为正值或同时为负值。由于每一支路都是连接在两个结点上，支路电流在流出一个结点的同时也流进另一个结点，故而在上述 KCL 方程中，每一支路电流共出现两次，一次带正号，另一次带负号，若把所有方程相加，必然有"$0 = 0$"，这表明，上述 KCL 方程中，任一方程都可由其余方程得到。理论证明：对 N 个结点 B 条支路的连通电路，任意 $(N-1)$ 个是一组独立方程。故而，在一定条件下，若有 $B-(N-1)$ 个支路电流是已知的，则其余 $(N-1)$ 个支路电流能够依据结点的 KCL 求得。

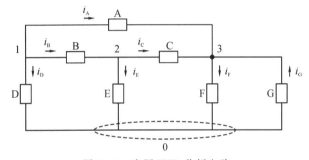

图 3-4　应用 KCL 分析电路

例 3-1　电路如图 3-5 所示，已知 $i_1 = 1\,\mathrm{A}$，$i_3 = 3\,\mathrm{A}$，$i_4 = -4\,\mathrm{A}$。求其余 3 个支路的电流。

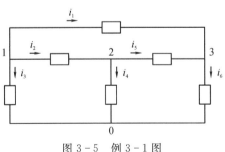

图 3-5　例 3-1 图

解　图 3-5 所示电路的结点数 $N = 4$，支路数 $B = 6$，若已知 $B - (N-1) = 3$ 个支路电流，依据结点 KCL 就可求得其余 3 个支路电流。用 KCL 求解的关键是要寻找出只有一个未知支路电流的结点，求得该未知电流后，再以此方法求解其余支路电流。

对结点 1,支路电流 i_1 和 i_3 均已知,只有支路电流 i_2 是未知的,由 KCL,流出结点 2 的电流 i_2 等于 $(-i_1)$ 与 $(-i_3)$ 的和,即

$$i_2 = (-i_1) + (-i_3) = -4\,\text{A}$$

对结点 2 应用 KCL,可求得支路电流 i_5,为

$$i_5 = i_2 + (-i_4) = 0$$

再对结点 3 应用 KCL,得

$$i_6 = i_1 + i_5 = 1\,\text{A}$$

基尔霍夫电压定律(Kirchhoff's Voltage Law,KVL)给出了支路电压遵循的约束:电路中,在任一时刻,任一回路中支路电压的代数和为零。常表示为

$$\sum u = 0$$

其中 u 表示回路中的支路电压。

所谓回路,指由多个支路组成的闭合路径,且回路中每一结点上有 2 条支路。以图 3-1 为例,支路{A, C, B}、支路{A, F, D}、支路{B, C, F, D}等分别组成回路,但支路{A, G, F, C, B}不为回路,因为结点 3 上的支路数目多于 2 条,支路{A, C, E}也不是回路,因为它不是闭合的。

应用 KVL 时注意:在等号一端,沿回路绕向,在参考方向下求代数和时要给电位降低和电位升高的电压带上不同的正负号。对图 3-6 所示电路,回路 1 由支路{A, D, C}组成,回路 2 由支路{B, E, F, D}组成,按图中所示顺时针绕向,若按电压降求和,其 KVL 方程分别为

回路 1:　　　　　　　　　　$u_A + u_D - u_C = 0$

回路 2:　　　　　　　　　　$u_B + u_E - u_F - u_D = 0$

由回路 2 的 KVL 方程,电压 u_D 为

$$u_D = u_B + u_E - u_F$$

上式中,电压 u_D 是结点 2 与结点 0 间的电压,而支路{B, E, F}组成这两个结点间的一条路径,把该路径上每一支路电压按电压降求代数和,支路 B、E 和 F 的电压降分别为 u_B、u_E 和 $(-u_F)$,即:在任一时刻,对任一路径,两个端点间的电压等于该路径上各支路电压降的代数和。

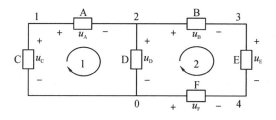

图 3-6　应用 KVL 分析电路

例 3 - 2　图 3 - 7 所示由电阻和电压源组成的单回路电路,求各电压源发出的功率。

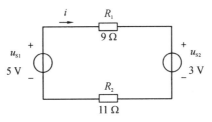

图 3 - 7　单回路电路

解　对回路应用 KVL,有

$$R_1 i + R_2 i = u_{S1} - u_{S2}$$

即回路中电阻上电压降的和等于电压源电压升的和,则回路电流

$$i = \frac{u_{S1} - u_{S2}}{R_1 + R_2} = 0.1\,\text{A}$$

电压源 u_{S1} 和 u_{S2} 发出的功率分别为

$$p_1 = u_{S1} i = 0.5\,\text{W}$$
$$p_2 = - u_{S2} i = - 0.3\,\text{W}$$

对连通电路,若以某一结点为参考点,其余各结点相对于参考点的电压称为结点电压。以图 3 - 8 所示电路结构为例,它共有 4 个结点,若以结点 0 为参考点,则结点 1 相对于参考点 0 的电压称为结点 1 的电压,设用 u_1 表示(常用 u_{N1} 表示),依次类推,结点 2 的电压用 u_2 表示,结点 3 的电压用 u_3 表示。若取参考点的电位是零,则结点电压也就是结点处的电位。按习惯,结点电压的参考极性总是取参考点处为负极性,故只要给定结点标识并明确参考点时,结点电压的参考方向可省去不标。

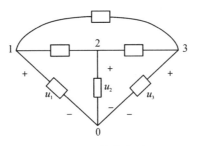

图 3 - 8　结点电压

由于任一支路都是连接在两个结点上,故而支路电压能够很容易用结点电压表示。图 3 - 8 所示电路中,结点 1 与结点 2 间的电压 u_{12} 为

$$u_{12} = u_1 - u_2$$

同理,结点 1 与结点 3 间的电压 u_{13}、结点 2 与结点 3 间的电压 u_{23} 分别为

$$u_{13} = u_1 - u_3$$
$$u_{23} = u_2 - u_3$$

即两个结点间的电压等于其结点电压的差,这是 KVL 的另一形式。尽管结点电压与参考点的选取有关,但支路电压与参考点的选取无关。如无特别指出,今后总是以结点 0 为参考点。

3.2　结点电压法

以电路中一组特定的电压和电流为变量,依据基尔霍夫定律和元件 VCR 建立它们满足的数学方程组,从而能够一次性获得这些变量的解,在此基础上,依据支路 VCR 求出输出量,这是电路分析的方程法。支路电压和支路电流均可作为方程变量,对结构较复杂一些的电路,一般来说,支路数目是比较多的,因而电路方程的计算量就很大。在电子电路中,人们最为关注的最容易测量的是结点电压,本节介绍结点(电压)法。

图 3-9 所示电路由电阻和电流源组成,电阻元件的电导值如图中所示。该电路的结点数目 $N=3$,支路数目 $B=5$,设用 u_1 和 u_2 分别表示结点 1 和结点 2 相对于参考点 0 的电压,则各电阻支路的电流与结点电压的关系式为

$$\begin{cases} i_1 = G_1 u_1 \\ i_2 = G_2(u_1 - u_2) \\ i_3 = G_3 u_2 \\ i_4 = G_4 u_2 \end{cases} \tag{3-1}$$

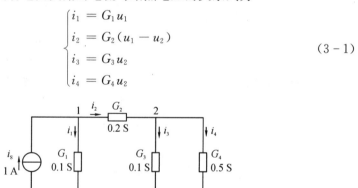

图 3-9　结点电压法示例

结点 1 的 KCL 方程为

$$结点 1: i_1 + i_2 = i_S \tag{3-2}$$

若把式(3-1)代入式(3-2)中,可得

$$G_1 u_1 + G_2(u_1 - u_2) = i_S$$

上式中,等号左端每一项表示结点 1 上各电阻支路流出该结点的电流,等号右端为电流源流进该结点的电流,由于电流 i_S 流进结点 1,故式中等号右端为 $+i_S$。整理上式,有

$$(G_1 + G_2)u_1 - G_2 u_2 = i_S$$

类似地,结点 2 的 KCL 方程为

$$结点 2: \ (-i_2) + i_3 + i_4 = 0$$

把式(3-1)中的支路电流代入上式,有

$$G_2(u_2 - u_1) + G_3 u_2 + G_4 u_2 = 0$$

即

$$-G_2 u_1 + (G_2 + G_3 + G_4)u_2 = 0$$

由上,结点 1 和结点 2 的 KCL 方程分别为

$$\begin{cases} (G_1 + G_2)u_1 - G_2 u_2 = i_S \\ -G_2 u_1 + (G_2 + G_3 + G_4)u_2 = 0 \end{cases} \tag{3-3}$$

式(3-3)以结点电压为变量,称为结点电压方程。在建立图 3-9 所示电路的结点方程时,为了阐述建立方程的过程给出了所有支路电流的参考方向,其实,结点方程与支路电流参考方向的选取无关,掌握内在规律后,没有必要标出这些参考方向。结点法的本质是以结点电压为变量,对除参考点外的每一结点应用 KCL。对照图 3-9 所示电路,式(3-3)具有一定规律可循。系数 $(G_1 + G_2)$ 为结点 1 上各支路电导的和,称为结点 1 的自导,系数 $(G_2 + G_3 + G_4)$ 为结点 2 上各支路电导的和,称为结点 2 的自导。G_2 连接于结点 1 和结点 2,系数 $-G_2$ 称为这两个结点的互导。读者在今后的学习中可注意结点电压方程与电路之间的对应关系,研究方程的规律,但不能生搬硬套自导与互导的概念,关键是要正确理解方法的本质,只有这样,才能灵活运用该方法到各种类型的电路中。

把已知参数代入式(3-3)中,有

$$\begin{cases} (0.1 + 0.2)u_1 - 0.2 u_2 = 1 \\ -0.2 u_1 + (0.2 + 0.1 + 0.5)u_2 = 0 \end{cases}$$

即

$$\begin{cases} 0.3 u_1 - 0.2 u_2 = 1 \\ -0.2 u_1 + 0.8 u_2 = 0 \end{cases}$$

式中结点电压的单位是 V。若用行列式法求解该方程组,有

$$u_1 = \frac{\begin{vmatrix} 1 & -0.2 \\ 0 & 0.8 \end{vmatrix}}{\begin{vmatrix} 0.3 & -0.2 \\ -0.2 & 0.8 \end{vmatrix}} \ \text{V} = \frac{0.8}{0.2} \ \text{V} = 4 \ \text{V}$$

$$u_2 = \frac{\begin{vmatrix} 0.3 & 1 \\ -0.2 & 0 \end{vmatrix}}{\begin{vmatrix} 0.3 & -0.2 \\ -0.2 & 0.8 \end{vmatrix}} \text{V} = \frac{0.2}{0.2} \text{V} = 1 \text{V}$$

手工求解线性代数方程组时一般采用消元法。解出结点电压 u_1 和 u_2 后,利用 KVL 很容易求出支路电压,再利用支路 VCR 可求出各电阻支路的电流。譬如,电流 i_1 和 i_2 分别为

$$i_1 = G_1 u_1 = 0.1 \text{S} \times 4 \text{V} = 0.4 \text{A}$$
$$i_2 = G_2(u_1 - u_2) = 0.2 \text{S} \times (4-1) \text{V} = 0.6 \text{A}$$

读者可以再求出 i_3 和 i_4,自行检验流经各结点上的电流是否满足 KCL。

例 3-3   图 3-10 所示电路由电阻和电流源组成,按图中所标注结点建立结点电压方程,并求出结点电压。

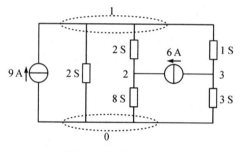

图 3-10   例 3-3 图

解   结点 1 上共有 4 条支路,KCL 方程为

结点 1:$2u_1 + 2(u_1 - u_2) + 1(u_1 - u_3) = 9$

即

$$(2+2+1)u_1 - 2u_2 - u_3 = 9$$

类似地,有

结点 2:$8u_2 + 2(u_2 - u_1) = 6$

即

$$-2u_1 + (8+2)u_2 = 6$$

结点 3:$3u_3 + 1(u_3 - u_1) = -6$

即

$$-u_1 + (3+1)u_3 = -6 \text{A}$$

注意:6 A 电流源的电流流出结点 3,故上式等号右端应该是 -6 A。

整理以上方程,有

$$\begin{cases} 5u_1 - 2u_2 - u_3 = 9 \\ -2u_1 + 10u_2 = 6 \\ -u_1 + 4u_3 = -6 \end{cases}$$

从该方程组求得结点电压

$$u_1 = 2 \text{ V}, u_2 = 1 \text{ V}, u_3 = -1 \text{ V}$$

结点 3 的电压为负值,表明结点 3 的电位低于结点 0 的电位。

在电子仪器中,供电直流电源及信号源的一端往往连接在一起,电路图中常用"接地"图形符号 ⊥ 表示,"接地"并不表示真要连接到大地。为使电路图简洁起见,接地端用其符号表示,此外,也常省去接地电压源的图形符号,只在非接地端上标出其结点电压。例如,图 3-11 所示电路也可绘制成图 3-12 所示形式。当电路图中有接地符号时,接地点的编号默认为 0,为结点电压的参考点。

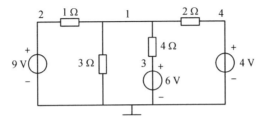

图 3-11 电压源一端接地的电路

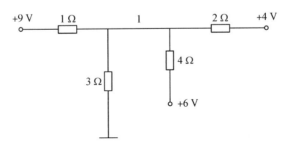

图 3-12 省去接地电压源图形符号的电路图

例 3-4 电路如图 3-12 所示,试求结点 1 的电压 u_1,并求各个电压源发出的功率。

解 图 3-12 中,只有结点 1 的电压 u_1 未知,对结点 1 应用 KCL,有

$$\frac{u_1 - 9}{1} + \frac{u_1}{3} + \frac{u_1 - 6}{4} + \frac{u_1 - 4}{2} = 0 \qquad (3-4)$$

即

$$\left(\frac{1}{1} + \frac{1}{3} + \frac{1}{4} + \frac{1}{2}\right)u_1 = \left(\frac{9}{1} + \frac{6}{4} + \frac{4}{2}\right)$$

求得结点 1 的电压

$$u_1 = 6 \text{ V}$$

由于结点 1 电压等于结点 3 电压,故 4 Ω 电阻支路的电流为零,6 V 电压源的电流和功率也是零。9 V 电压源和 4 V 电压源发出的功率 $p_{9\text{ V}}$ 和 $p_{4\text{ V}}$ 分别为

$$p_{9\text{ V}} = 9 \text{ V} \times \frac{9 \text{ V} - u_1}{1 \text{ Ω}} = 27 \text{ W}$$

$$p_{4\text{ V}} = 4 \text{ V} \times \frac{4 \text{ V} - u_1}{2 \text{ Ω}} = -4 \text{ W}$$

即 9 V 电压源发出 27 W 功率,4 V 电压源吸收 4 W 功率。

　　结点方程是依据 KCL 建立的一组方程,方程变量是结点电压,建立方程的前提是支路电流要么是已知的,如电流源,要么能够用其支路电压表示,如电阻支路。当电路存在纯电压源支路时,由于流经电压源的电流不仅仅取决于电压源本身,还与电路中的其他元件有关,这给 KCL 方程的列写带来困难。这时,若把电压源支路的电流也作为方程变量,则结点 KCL 方程就容易列写。但要注意,在 $(N-1)$ 个结点的 KCL 方程的基础上,必须增补上电流变量所在支路的约束,以保证联立方程数目正好等于总变量数目。

　　例 3-5　图 3-13 所示电路含有一个电压源,用结点法求各电源发出的功率。

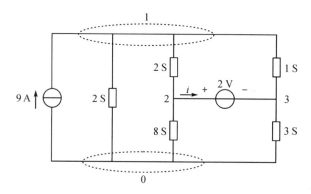

图 3-13　存在电压源支路的电路

　　解　把电压源支路的电流 i 也作为方程变量,各结点的 KCL 方程分别为

结点 1:$2u_1 + 2(u_1 - u_2) + 1(u_1 - u_3) = 9$

结点 2:$2(u_2 - u_1) + 8u_2 + i = 0$

结点 3:$1(u_3 - u_1) + 3u_3 - i = 0$

结点 2 的 KCL 方程中,电压源支路电流 i 流出该结点,故在其方程左端带正号,结点 3 的 KCL 方程中,电流 i 流进该结点,故在其方程左端带负号。由于电流变量的存在,还需要增补一个方程,由电压源的约束,结点 2 与结点 3 间的电压等于电

压源电压,即

$$电压源：u_2 - u_3 = 2$$

整理以上 4 个方程,有

$$\begin{cases} 5u_1 - 2u_2 - u_3 = 9 \\ -2u_1 + 10u_2 + i = 0 \\ -u_1 + 4u_3 - i = 0 \\ u_2 - u_3 = 2 \end{cases}$$

联解这组方程得

$$u_1 = 2\,\mathrm{V}, u_2 = 1\,\mathrm{V}, u_3 = -1\,\mathrm{V}, i = -6\,\mathrm{A}$$

则 9 A 电流源和 2 V 电压源发出的功率分别为

$$p_{9\,\mathrm{A}} = u_1 \times 9\,\mathrm{A} = 18\,\mathrm{W}$$

$$p_{2\,\mathrm{V}} = -2\,\mathrm{V} \times i = 12\,\mathrm{W}$$

　　当电路存在受控源时,控制电压可用结点电压表示,控制电流可作为方程变量。

　　例 3-6　图 3-14 所示电路有一个 VCCS,已知跨导 $g_{\mathrm{m}} = 3\,\mathrm{S}$,用结点法求各结点电压。

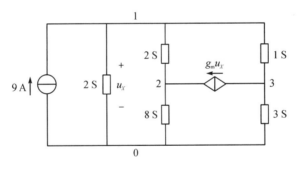

图 3-14　存在受控源的电路

　　解　用结点电压表示受控源的控制量 u_X,为

$$u_X = u_1$$

则受控电流源的电流为 $g_{\mathrm{m}}u_1$。结点 1 的 KCL 方程为

$$结点 1：2u_1 + 2(u_1 - u_2) + 1(u_1 - u_3) = 9$$

结点 2 上受控电流源流出的电流为 $-g_{\mathrm{m}}u_1$,于是有

$$结点 2：2(u_2 - u_1) + 8u_2 - g_{\mathrm{m}}u_1 = 0$$

结点 3 上受控电流源流出的电流为 $+g_{\mathrm{m}}u_1$,则

$$结点 3：1(u_3 - u_1) + 3u_3 + g_{\mathrm{m}}u_1 = 0$$

整理以上方程,有

$$\begin{cases} 5u_1 - 2u_2 - u_3 = 9 \\ -5u_1 + 10u_2 = 0 \\ 2u_1 + 4u_3 = 0 \end{cases}$$

观察方程的系数,它不具有对称性,这是由于电路中含有受控源的缘故。从方程组求得结点电压

$$u_1 = 2\,\text{V},\ u_2 = 1\,\text{V},\ u_3 = -1\,\text{V}$$

由上所述,总结列写结点电压方程的步骤如下:

(1)指定参考点,并标注结点和电压源(独立与非独立)支路电流的参考方向;

(2)以结点电压、电压源支路电流和流控源的控制电流为变量,列写每一结点的 KCL 方程(参考点除外);

(3)增补每一电流变量所在支路的约束,以保证方程数目等于方程变量数目;

(4)从联立方程组求出结点电压和增补的电流变量,再用支路 VCR 求出其余支路的电流。

3.3 回路电流法简介

电路方程的变量也可以是电流。以图 3-15 所示电路为例,如果把电阻与电压源的串联作为一条支路对待,该电路共有 3 条支路,设支路电流分别为 i_1、i_2 和 i_3,参考方向如图中所示。对结点 1 应用 KCL,有

$$结点\ 1:\ -i_1 + i_2 + i_3 = 0$$

若以支路电流为变量,对图中所示的两个回路分别应用 KVL,有

$$回路\ 1:R_1 i_1 + R_3 i_3 = u_{S1} - u_{S3}$$
$$回路\ 2:R_2 i_2 - R_3 i_3 = u_{S3} - u_{S2}$$

上两式中,等号左端是回路中沿回路绕向电阻上的电压降,等号右端是回路中电压源的电压升。在回路 2 的 KVL 方程中,电压 $R_2 i_2$ 与回路绕向一致,故在等号左端带正号,电压 $R_3 i_3$ 与回路绕向相反,故在等号左端带负号,电压源电压 u_{S3} 在等号右端带正号,电压源电压 u_{S2} 在等号右端带负号。

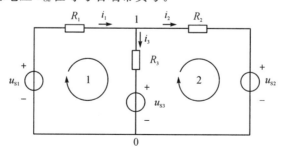

图 3-15 支路电流法示例

联立结点 1 的 KCL 方程、回路 1 的 KVL 方程和回路 2 的 KVL 方程,有

$$\begin{cases} -i_1 + i_2 + i_3 = 0 \\ R_1 i_1 + R_3 i_3 = u_{S1} - u_{S3} \\ R_2 i_2 - R_3 i_3 = u_{S3} - u_{S2} \end{cases} \tag{3-5}$$

上式以支路电流为变量,称为支路电流方程。

支路电流方程的变量数目较多,从中也可以消去一些支路电流。图 3-15 中,由结点 1 的 KCL 方程,得到支路 3 的电流为

$$i_3 = i_1 - i_2$$

若把 i_3 看作由 i_1 和 i_2 组成,在该支路中,i_1 从结点 1 流向结点 0,i_2 从结点 0 流向结点 1。进一步,可假想 i_1 在回路 1 中流动,i_2 在回路 2 中流动,这种假想的沿回路流动的一组电流称为回路电流。

若从式(3-5)中消去 i_3,有

$$\begin{cases} R_1 i_1 + R_3 (i_1 - i_2) = u_{S1} - u_{S3} \\ R_2 i_2 + R_3 (i_2 - i_1) = u_{S3} - u_{S2} \end{cases}$$

整理后有

$$\begin{cases} (R_1 + R_3) i_1 - R_3 i_2 = u_{S1} - u_{S3} \\ -R_3 i_1 + (R_2 + R_3) i_2 = u_{S3} - u_{S2} \end{cases} \tag{3-6}$$

式(3-6)中,$(R_1 + R_3) i_1$ 为回路电流 i_1 在电阻 R_1 和 R_3 上产生的电压降,$(R_1 + R_3)$ 为回路 1 中电阻的和,称为回路 1 的自阻;$-R_3 i_2$ 表示回路电流 i_2 在电阻 R_3 上沿回路 1 方向产生的电压,由于在电阻 R_3 中 i_2 与 i_1 的方向相反,所以在回路 1 的 KVL 方程中为 $-R_3 i_2$。$(R_2 + R_3) i_2$ 为回路电流 i_2 在回路 2 中所有电阻上产生的电压降,$(R_2 + R_3)$ 称为回路 2 的自阻。式(3-6)等号右端为回路中电压源电压升的代数和。从图 3-15 可观察出,对回路 1,在 $i_2 = 0$ 的情况下,由 u_{S1} 所产生的 i_1 为正,由 u_{S3} 所产生的 i_1 为负,根据该法则易于确定电压源电压在方程中所带的正负号。式(3-6)就是图 3-15 所示电路的回路电流方程。回路电流方程的本质是以回路电流为变量,对回路应用 KVL 列出的一组方程。由于回路电流在流进某一结点的同时也流出该结点,故而它自动满足 KCL。

对 N 个结点 B 条支路的连通电路,可以证明:独立回路数目一定为 $(B-N+1)$ 个。以图 3-16 为例,支路数 $B=6$,结点数 $N=4$,则独立回路数目为 $6-4+1=3$ 个。鉴于回路电流法的实际使用相对较少,选取独立回路的系统性方法本书不作介绍。对结构较简单的电路,若在纸面上绘制出的电路图没有交叉支路出现,为"网状"结构,可以证明:所有网孔一定是一组独立回路(注:不考虑最外面的网孔),如图 3-16 所示。

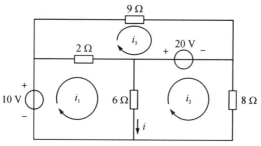

图 3 - 16　　独立回路的选取

例 3 - 7　图 3 - 16 所示电路由电阻和电压源组成,它共有 3 个独立回路,用回路电流法求解 6 Ω 电阻支路的电流 i。

解　3 个回路电流 i_1、i_2 和 i_3 均取顺时针方向,如图 3 - 16 中所示。对回路 1,i_1 在 2 Ω 电阻和 6 Ω 电阻上产生的电压为 $(2+6)i_1$,i_2 在 6 Ω 电阻上产生的电压为 $-6i_2$,i_3 在 2 Ω 电阻上产生的电压为 $-2i_3$,故回路 1 的 KVL 方程为

$$回路1:(2+6)i_1 - 6i_2 - 2i_3 = 10$$

同理,回路 2 和回路 3 的 KVL 分别为

$$回路2:-6i_1 + (6+8)i_2 = -20$$

$$回路3:-2i_1 + (2+9)i_3 = 20$$

联立以上三式,有

$$\begin{cases} 8i_1 - 6i_2 - 2i_3 = 10 \\ -6i_1 + 14i_2 = -20 \\ -2i_1 + 11i_3 = 20 \end{cases}$$

求得 $i_1 = 1\,\text{A}$,$i_2 = -1\,\text{A}$,$i_3 = 2\,\text{A}$。于是,支路电流 i 为

$$i = i_1 - i_2 = 2\,\text{A}$$

以相关数学为基础,电路理论早已在 20 世纪 70 年代前就给出了多种形式的电路方程,其中的一些已失去了它的实际使用价值。在这些传统方法中,一般来说,结点法的变量数目最少,计算机编程简单,而且它适用于一切电路,因而结点法是实际中使用最为广泛的一种分析方法,几乎所有的商用电路分析软件采用的都是结点法。对使用者来说,只需要在计算机上绘出电路图或编写描述电路连接关系和元件参数的文本文件,软件能够根据这些数据自动生成电路方程。与手工编写方程的步骤不同,软件中不是逐个方程编写,而是对元件逐一处理,每一元件的参数在结点方程中有其固定位置。

3.4　叠加定理

对线性电阻电路,无论使用结点法还是回路法,电路方程均是线性代数方程。

若设电路共有 M 个独立源,第 k 个独立电压源的电压或独立电流源的电流为 x_k,利用线性代数知识很容易证明,电路中的电压 u(或电流 i)可表示为

$$u = \sum_{k=1}^{M} H_k x_k \qquad (3-7)$$

其中 H_k 是与输入无关的系数,与电路结构和元件的参数有关,$H_k x_k$ 是独立源 x_k 单独作用时的输出。输出电压和输出电流统称为响应。

对一些电路,如信号处理类电路,人们的关注点主要是输出量与输入量之间的关系,而不是电路内部每一电压和电流。

叠加定理:对含有多个独立源的线性电路,它们共同作用时所产生的响应等于各独立源单独作用时响应的叠加。

某一独立源单独作用意指电路中只保留该独立源,而把其他独立源置零,独立电压源置零时它等同于短路,独立电流源置零时它等同于开路。

以图 3-17 所示电路为例,该电路共有两个独立源,设输出为电压 u,运用结点法有

$$\frac{u - u_S}{2\,\Omega} + \frac{u}{8\,\Omega} = i_S$$

得

$$u = 0.8u_S + 1.6i_S$$

设电压源单独作用时(电流源 $i_S = 0$)的输出电压为 u',由上式,$u' = 0.8u_S$,电路如图 3-18(a)所示;设电流源单独作用时(电压源 $u_S = 0$)的输出电压为 u'',由上式,$u'' = 1.6i_S$,电路如图 3-18(b)所示,则两个独立源共同作用时的输出电压 u 为

$$u = u' + u''$$

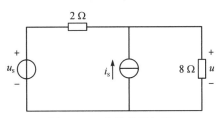

图 3-17　电路的叠加性

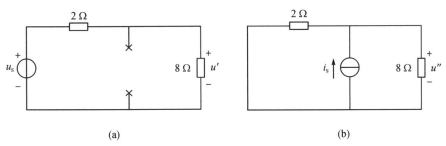

(a)　　　　　　　　　　　　　　　　　　　(b)

图 3-18　各独立源单独作用时的电路

例3-8　电路如图3-19所示,用叠加定理求电流 i。

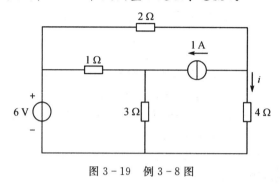

图 3-19　例 3-8 图

解　图 3-19 所示电路在各输入单独作用时为串并联结构,易于计算。电压源单独作用时的电路如图 3-20(a)所示,2 Ω 电阻与 4 Ω 电阻串联,电流为

$$i' = \frac{6\text{ V}}{2\text{ Ω}+4\text{ Ω}} = 1\text{ A}$$

电流源单独作用时的电路如图 3-20(b)所示,2 Ω 电阻与 4 Ω 电阻并联,由分流公式得电流为

$$i'' = -\frac{2\text{ Ω}}{2\text{ Ω}+4\text{ Ω}} \times 1\text{ A} = -\frac{1}{3}\text{ A}$$

依据叠加定理,图 3-19 所示电路中的电流 i 为

$$i = i' + i'' = \frac{2}{3}\text{ A}$$

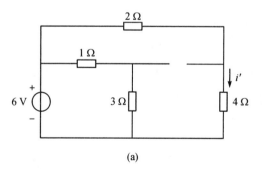
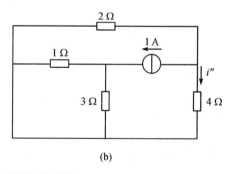

(a)　　　　　　　　　　　　　　　(b)

图 3-20　各独立源单独作用时的电路

例3-9　电路如图 3-21 所示,对电源适当分组,用叠加定理求电流 i。

解　本例电路,把电流源置零时电阻和电压源组成单回路电路,其电流为

$$i' = \frac{20\text{ V}-5\text{ V}}{10\text{ Ω}+5\text{ Ω}} = 1\text{ A}$$

电流源单独作用时,由分流公式得电流为

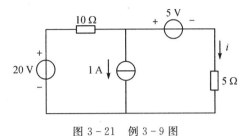

图 3 - 21　例 3 - 9 图

$$i'' = -\frac{10\ \Omega}{10\ \Omega + 5\ \Omega} \times 1\ \mathrm{A} = -\frac{2}{3}\ \mathrm{A}$$

依据叠加定理,本例电路中的电流 i 为

$$i = i' + i'' = \frac{1}{3}\ \mathrm{A}$$

例 3 - 10　电路如图 3 - 22 所示,设元件参数已知,用叠加定理求电流 i。

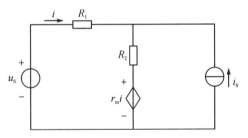

图 3 - 22　例 3 - 10 图

解　图 3 - 22 所示电路中有一个受控源,由于受控源不是电路的输入,故在运用叠加定理时要像对待电阻一样保留在电路中。独立电压源 u_S 单独作用时的电路如图 3 - 23(a) 所示,根据 KVL,有

$$(R_1 + R_2)i' + r_\mathrm{m}i' = u_\mathrm{S}$$

则

$$i' = \frac{u_\mathrm{S}}{R_1 + R_2 + r_\mathrm{m}}$$

独立电流源 i_S 单独作用时的电路如图 3 - 23(b) 所示,对电阻和受控电压源组成的回路应用 KVL,有

$$R_1 i'' + R_2(i'' + i_\mathrm{S}) + r_\mathrm{m}i'' = 0$$

则

$$i'' = -\frac{R_2 i_\mathrm{S}}{R_1 + R_2 + r_\mathrm{m}}$$

由叠加定理,两个独立源共同作用时的电流 i 为

$$i = i' + i'' = \frac{u_{\mathrm{S}}}{R_1 + R_2 + r_{\mathrm{m}}} - \frac{R_2 i_{\mathrm{S}}}{R_1 + R_2 + r_{\mathrm{m}}} = \frac{u_{\mathrm{S}} - R_2 i_{\mathrm{S}}}{R_1 + R_2 + r_{\mathrm{m}}}$$

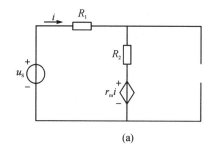
(a)

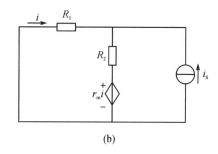
(b)

图 3 - 23　独立源单独作用时的电路

使用叠加定理时注意:

(1)叠加定理只适用于线性电路。

(2)由于功率不是电压或电流的一次函数,因而不能用各输入单独作用时的功率叠加。

(3)在使用叠加定理时,也可以把独立源分成若干组。

(4)与独立源不同,受控源不是电路输入。故在运用叠加定理时,受控源要像电阻元件一样保留在电路中。

(5)当电路只有一个独立源 u_{S} 时,电路的响应 u 正比于 u_{S},可表示为 $u = Hu_{\mathrm{S}}$。显然,对同一个电路,当输入为 αu_{S}(α 是常数)时,由它产生的响应就为 αu,线性电路的这一特性称为齐次性。

通常情况下,用叠加定理求解电路并不能体现出其优势,有时反而使计算过程更为繁琐。作为线性电路的最基本特性,叠加定理是导出其他一些有用电路定理的基础。此外,叠加定理主要用于信号处理类电路在复杂输入信号作用下的响应分析,由于复杂输入信号一般都能分解为一些基本信号的和,故而这类电路对复杂输入信号的响应可借助其对基本信号的响应求解。

3.5　电源的等效变换

两个不同的电路(或网络),若它们的端特性相同,则它们对外部所起的作用完全相同,称它们互为等效。例如,家庭交流电插座是来自电力网的引出线,从发电厂交流发电机到插座的电路非常复杂,尽管如此,对用电器而言,插座上的交流电可用一个电压源表示,这种等效不会影响用电器中电压和电流的计算。对电路实施等效变换是电路分析中一个非常重要的思想方法,恰当运用等效变换方法不仅可简化计算,而且物理概念清楚。

电压源串联如图 3-24(a)所示。由 KVL,端电压

$$u = u_{S1} + u_{S2}$$

由于端电压 u 与端电流 i 无关,表明端子上就等同于一个电压源,如图 3-24(b)所示,其中

$$u_S = u_{S1} + u_{S2}$$

例如,把两只 1.5 V 的干电池同向串联,对负载来说,整体上就等同于一个电压为 3 V 的电压源。相同规格的实际电压源,如蓄电池,为了提高带负载能力,实际中也对其并联。但要注意,电压不相等的两个理想电压源并联时由于违背 KVL,故不允许出现这种情况。

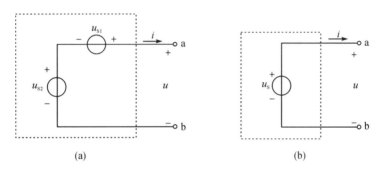

图 3-24　电压源串联的等效

两个理想电流源 i_{S1} 和 i_{S2} 的并联如图 3-25(a)所示,依据 KCL,有

$$i = i_{S1} + i_{S2}$$

由于端电流与端电压无关,故可用一个电流源等效,如图 3-25(b)所示,其中

$$i_S = i_{S1} + i_{S2}$$

电流不相等的两个理想电流源串联时由于违背 KCL,故不允许串联。

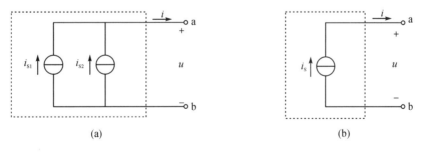

图 3-25　电流源并联的等效

实际电压源带上电阻负载时的端电压要略低于空载时的电压,负载电流越大,端电压越小,如图 3-26 所示。设端特性为直线,其斜率为 $-R$,u_{OC} 为端子开路时

的端电压 u,即 $u_{OC} = u\,|_{i=0}$,称为开路电压,则端特性为

$$u = u_{OC} - Ri \qquad (3-8)$$

上式对应的电路模型为理想电压源 u_{OC} 与电阻 R 的串联,如图 3-27 所示,R 称为电源的入端电阻(或内阻)。

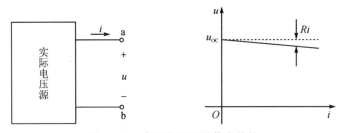

图 3-26　实际电压源的伏安特性

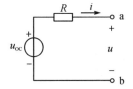

图 3-27　实际电压源的一种模型

设入端电阻 $R \neq 0$,式(3-8)也可表示成

$$i = \frac{u_{OC} - u}{R}$$

令

$$i_{SC} = i\,|_{u=0} = \frac{u_{OC}}{R}$$

i_{SC} 是端子短路时的端电流 i,称为短路电流。则

$$i = i_{SC} - \frac{u}{R} \qquad (3-9)$$

上式可用理想电流源与电阻的并联表示,如图 3-28 所示。可见,图 3-28 与图 3-27中的两个电路具有完全相同的端特性,故它们相互等效,即理想电压源与电阻的串联可等效变换成理想电流源与电阻的并联。

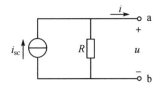

图 3-28　理想电流源与电阻的并联

应用电源等效变换时注意：

(1)正确标出等效电路中电源的参考方向；

(2)图 3 - 27 在 $R = 0\ \Omega$ 时为理想电压源，这时，它无法变换成电流源；

(3)理想电压源的入端电阻为零，理想电流源的入端电阻为无限大；

(4)同理，受控电压源与电阻的串联可等效变换成受控电流源与电阻的并联，但要注意，受控源的控制量必须保留在电路中。

运用结点法分析时，为了减少结点数目，元件的串联可当作一条支路处理。在列写方程前，也可对这些串联支路实施等效变换。

例 3 - 11　电路如图 3 - 29 所示，用结点法求电压 u 和各支路电流。

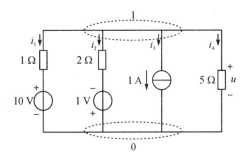

图 3 - 29　例 3 - 11 图

解　若把电压源与电阻的串联当作一条支路，本例所示电路的结点数目为 2。利用电源的等效变换，10 V 电压源与 1 Ω 电阻串联的等效电路为 10 A 电流源与 1 Ω 电阻并联，1 V 电压源与 2 Ω 电阻串联的等效电路为 0.5 A 电流源与 2 Ω 电阻并联，如图 3 - 30 所示。则结点 1 的 KCL 方程为

$$\left(\frac{1}{1} + \frac{1}{2} + \frac{1}{5}\right)u = 10 - 0.5 - 1$$

求得 $u = 5$ V。依据支路的 VCR，支路电流为

$$i_1 = \frac{u - 10\ \text{V}}{1\ \Omega} = -5\ \text{A}$$

$$i_2 = \frac{u + 1\ \text{V}}{2\ \Omega} = 3\ \text{A}$$

$$i_3 = 1\ \text{A}$$

$$i_4 = \frac{u}{5\ \Omega} = 1\ \text{A}$$

本例也可直接列写结点方程，对图 3 - 29 所示电路，结点 1 的 KCL 方程为

$$\frac{u - 10}{1} + \frac{u + 1}{2} + \frac{u}{5} = -1$$

根据该式得 $u=5\text{ V}$。

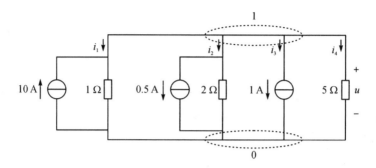

图 3-30　例 3-11 图的等效

3.6　戴维南定理和诺顿定理

上节已介绍了电源的等效变换,对电路的简化分析并无十分明显的作用,若复杂电路能够等效成结构十分简单的电路,等效法才能突显出其应用价值。法国电报工程师戴维南(M. Leon Thevenin)于 1883 年解决了这一问题。

戴维南定理:含有独立源的二端线性电阻电路 N,若能外加任一值的电流源,则它可用一个电压源与一个电阻的串联等效。

戴维南定理具有广泛的适用性,它将复杂二端电路等效成非常简单的电路,在电路分析中的应用非常多。运用线性电路的叠加定理容易证明戴维南定理。设给 N 外加一个电流为 i 的电流源,如图 3-31 所示,用叠加定理求端电压 u。当外加电流源 i 不作用时,设这时的端电压 u 为开路电压 u_{OC};外加电流源 i 单独作用时(把 N 内独立源置零),端电压一定正比于端电流,则端子上等同于一个电阻,设为 R,称其为 N 的入端电阻,在图示参考方向下,$u=-Ri$。由叠加定理,二端电路 N 的端特性为

$$u = u_{OC} - Ri \qquad (3-10)$$

该 VCR 可用电压为 u_{OC} 的独立电压源与电阻 R 的串联表示,如图 3-32 所示,从而有戴维南定理。

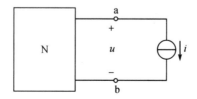

图 3-31　外施电流源的电路

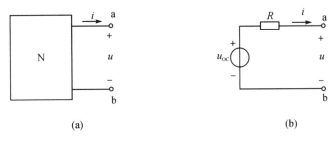

图 3-32 戴维南等效电路

当二端电路 N 给定时,u_{OC} 可用结点法求出,R 是把 N 内所有独立源置零条件下的入端电阻,也称为戴维南电阻。N 内所有独立源置零后,若其为电阻的串并联,入端电阻按第 2 章中介绍的方法求解;若 N 内含有受控源,可在端子上外加一个电流源,用方程法求出端电压,则入端电阻等于端电压与端电流之比(端电流从端电压的正极性流进 N),这是求解入端电阻的一般性方法。

例 3-12 图 3-33(a)电路中的负载电阻 R_L 可调,分别为 $1\ \Omega$、$2\ \Omega$ 和 $5\ \Omega$,用戴维南定理求流经负载电阻 R_L 的电流 i(如图 3-33(b)所示)。

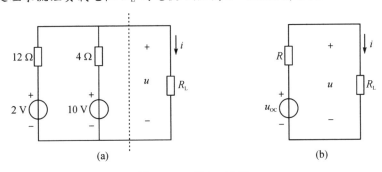

图 3-33 例 3-12 图

解 把整个电路从虚线处分解成两部分,对虚线左边二端电路求出戴维南等效电路,求解开路电压的电路如图 3-34(a)所示,由结点法得

$$u_{OC} = \dfrac{\dfrac{1}{12} \times 2 + \dfrac{1}{4} \times 10}{\dfrac{1}{12} + \dfrac{1}{4}}\ \text{V} = 8\ \text{V}$$

求解入端电阻的电路如图 3-34(b)所示,则

$$R = 12\ \Omega\ /\!/\ 4\ \Omega = 3\ \Omega$$

由图 3-33(b),流经负载 R_L 的电流 i 为

$$i = \dfrac{8\ \text{V}}{3\ \Omega + R_L}$$

代入 R_L 的值,分别有

$$i\big|_{R_L=1\,\Omega} = \frac{8\,\text{V}}{3\,\Omega + 1\,\Omega} = 2\,\text{A}$$

$$i\big|_{R_L=2\,\Omega} = \frac{8\,\text{V}}{3\,\Omega + 2\,\Omega} = 1.6\,\text{A}$$

$$i\big|_{R_L=5\,\Omega} = \frac{8\,\text{V}}{3\,\Omega + 5\,\Omega} = 1\,\text{A}$$

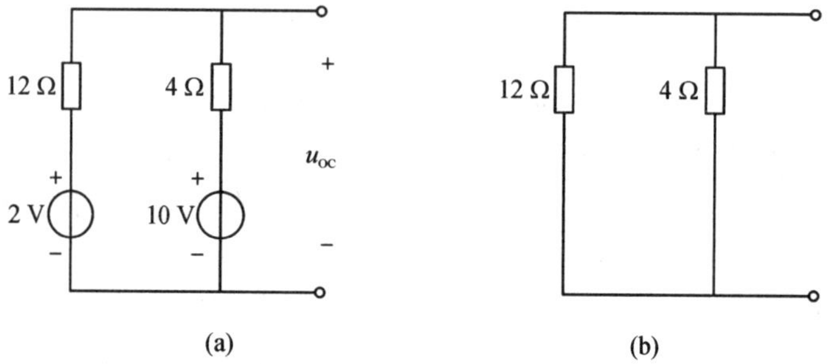

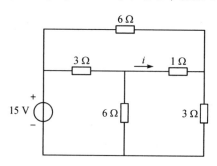

(a)　　　　　　　　　　　　　　(b)

图 3 - 34　戴维南等效电路的求解

例 3 - 13　用戴维南定理求图 3 - 35 所示电路中流经 1 Ω 电阻的电流 i。

图 3 - 35　戴维南定理应用举例

解　对移去 1 Ω 电阻后的二端电路求解戴维南等效电路,开路电压与入端电阻的求解电路分别如图 3 - 36 中的两个电路所示

$$u_{OC} = \frac{6}{3+6} \times 15\,\text{V} - \frac{3}{3+6} \times 15\,\text{V} = 5\,\text{V}$$

$$R = \frac{3 \times 6}{3+6}\,\Omega \times 2 = 4\,\Omega$$

则图 3 - 35 电路中流经 1 Ω 电阻的电流 i 为

$$i = \frac{u_{OC}}{R + 1\,\Omega} = \frac{5\,\text{V}}{4\,\Omega + 1\,\Omega} = 1\,\text{A}$$

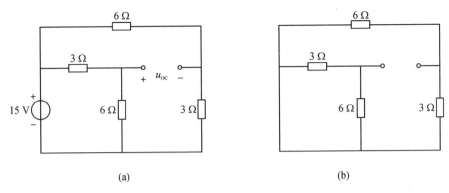

(a)　　　　　　　　　　　　　　　　(b)

图 3 - 36　求解开路电压和戴维南电阻的电路

　　与结点法相比较,应用戴维南定理化简本例电路的计算过程相对简单一些。
若把 15 V 电压源拆分成 2 个,图 3 - 35 所示电路可等效为图 3 - 37,各电阻中的电
流与图 3 - 35 中的一致。对 N_1 和 N_2 两个二端电路分别应用戴维南定理,如
图 3 - 38 所示。其中

$$R_1 = \frac{3 \times 6}{3 + 6} \, \Omega = 2 \, \Omega$$

$$u_{S1} = \frac{6}{3 + 6} \times 15 \, \text{V} = 10 \, \text{V}$$

$$R_2 = \frac{3 \times 6}{3 + 6} \, \Omega = 2 \, \Omega$$

$$u_{S2} = \frac{3}{3 + 6} \times 15 \, \text{V} = 5 \, \text{V}$$

由图 3 - 38 得电流 i 为

$$i = \frac{u_{S1} - u_{S2}}{R_1 + R_2 + 1 \, \Omega} = \frac{10 \, \text{V} - 5 \, \text{V}}{2 \, \Omega + 2 \, \Omega + 1 \, \Omega} = 1 \, \text{A}$$

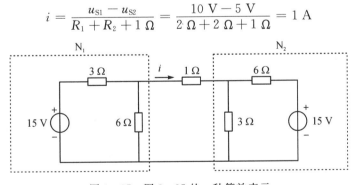

图 3 - 37　图 3 - 35 的一种等效表示

　　在戴维南等效电路提出 43 年后,美国贝尔实验室工程师诺顿(E. L. Norton)
于 1926 年给出了二端电路另一形式的等效电路。

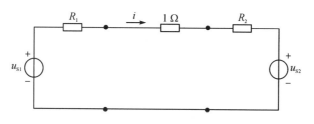

图 3-38　分块进行戴维南等效

诺顿定理:含有独立源的二端线性电阻电路 N,若能外加任一值的电压源,则它可用一个电流源与一个电阻的并联等效,如图 3-39 所示。其中:电流源电流等于二端电路 N 的短路电流 i_{SC}(端子短路时的端电流),R 为二端电路 N 的入端电阻。

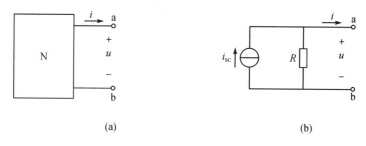

(a)　　　　　　　　　　　　(b)

图 3-39　诺顿等效电路

例 3-14　用诺顿定理求图 3-33(a)所示电路中流经负载电阻 R_L 的电流 i。

解　对 R_L 左边电路,求解短路电流的电路如图 3-40 所示,则

$$i_{SC} = \frac{2\,V}{12\,\Omega} + \frac{10\,V}{4\,\Omega} = \frac{8}{3}\,A$$

前面已求出等效电阻 $R = 3\,\Omega$,用诺顿等效电路表示负载 R_L 的左边,由分流公式,流经 R_L 的电流为

$$i = \frac{3\,\Omega}{3\,\Omega + R_L} \times \frac{8}{3}\,A$$

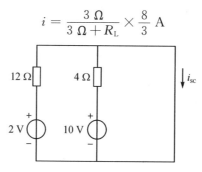

图 3-40　短路电流的求解

例 3-15　用诺顿定理求图 3-35 所示电路中流经 1 Ω 电阻的电流 i。

解　求解短路电流的电路如图 3-41 所示,由于每一电阻上的电压都是电源电压的一半,为 7.5 V,依据 KCL 得

$$i_{SC} = \frac{7.5 \text{ V}}{3 \text{ Ω}} - \frac{7.5 \text{ V}}{6 \text{ Ω}} = \frac{5}{4} \text{ A}$$

上例中已求出戴维南电阻 $R = 4 \text{ Ω}$,求解电流 i 的电路如图 3-42 所示,于是

$$i = \frac{R}{R + 1 \text{ Ω}} i_{SC} = \frac{4}{4+1} \times \frac{5}{4} \text{ A} = 1 \text{ A}$$

该结果与例 3-13 的一致。

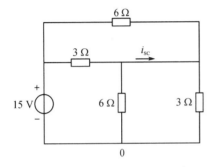

图 3-41　求解短路电流的电路

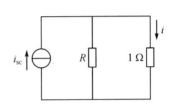

图 3-42　求解 1 Ω 电阻支路电流的电路

例 3-16　图 3-43 所示二端电路中含有一个 CCCS,设元件参数已知,求该电路 a-b 端的入端电阻 R。

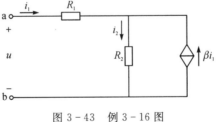

图 3-43　例 3-16 图

解　图 3-43 所示二端电路不含独立源,故可用一个电阻等效,该电阻等于电压 u 与电流 i_1 之比。设端电流 i_1 已知,由 KCL,电流 i_2 为

$$i_2 = i_1 + \beta i_1 = (1 + \beta) i_1$$

由 KVL,端电压 u 等于两个电阻上电压的和,即

$$u = R_1 i_1 + R_2 i_2$$

从以上两式得

$$u = [R_1 + (1+\beta) R_2] i_1$$

于是,入端电阻 R 为

$$R = \frac{u}{i_1} = R_1 + (1+\beta)R_2 \tag{3-11}$$

式(3-11)表明,电阻 R 不仅与 R_1 和 R_2 有关,还与受控源的控制系数 β 有关。当 $\beta=0$ 时(即无受控源情况),有 $R=R_1+R_2$,这正是 R_1 与 R_2 串联时的等效电阻。当 $\beta=-1$ 时,有 $R=R_1,i_2=0$。当 $\beta=-2$ 时,有 $R=R_1-R_2$,若 $R_1<R_2$,则 R 为负值。本例中,对 R_2 和受控源所组成的电路,其等效电阻为 $(1+\beta)R_2$,它与 R_1 串联的等效电阻 R 如式(3-11)所示。

应用戴维南定理和诺顿定理时注意:(1)被等效的二端电路必须是线性的,而其外部无此限制,可以是非线性的;(2)极特殊情况下有可能不存在戴维南等效电路,譬如一个理想电流源,它不满足戴维南定理的条件;(3)对内部含有受控源的二端电路,求解入端电阻时受控源必须予以保留;(4)由戴维南等效电路,短路电流为

$$i_{SC} = \frac{u_{OC}}{R}$$

从该式得

$$R = \frac{u_{OC}}{i_{SC}} \tag{3-12}$$

即在开路电压和短路电流均不为零时,也可用上式求解入端电阻。

3.7 最大功率问题

本节介绍戴维南定理在最大功率问题中的应用。语音信号经放大电路放大后,要接入扬声器才能听到声音。当扬声器获得的功率最大时,它发出的声音才最响亮。这一问题可转化为图3-44(a)所示的最大功率问题。

设二端电路 N 内各元件参数均保持不变,负载电阻 R_L 在 $0\sim\infty$ 可调,显然,负载电阻 R_L 短路和开路时它的功率均为零,故电阻 R_L 一定在某一值时获取的功率最大。用戴维南等效电路表示二端电路 N,如图3-44(b)所示,电阻 R_L 吸收的功率 p 为

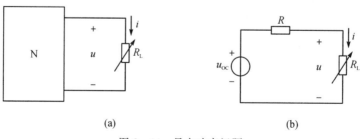

(a)   (b)

图 3-44 最大功率问题

$$p = R_{L}i^{2} = \frac{R_{L}u_{OC}^{2}}{(R+R_{L})^{2}} = \frac{u_{OC}^{2}}{\dfrac{R^{2}}{R_{L}} + 2R + R_{L}} \qquad (3-13)$$

在功率的极值点处,必有

$$\frac{\mathrm{d}p}{\mathrm{d}R_{L}} = 0$$

或

$$\frac{\mathrm{d}}{\mathrm{d}R_{L}}\left(\frac{R^{2}}{R_{L}} + 2R + R_{L}\right) = 0$$

得

$$-\frac{R^{2}}{R_{L}^{2}} + 1 = 0$$

故在负载电阻 R_{L} 等于 R 处, R_{L} 吸收的功率最大(另一解 $R_{L} = -R$ 舍去),这一关系称为最佳匹配。把 $R_{L} = R$ 代入式(3-13)中,得最大功率为

$$p_{max} = \frac{u_{OC}^{2}}{4R} \qquad (3-14)$$

例 3-17　图 3-45 所示电路中,设负载电阻 R_{L} 在 $0 \sim \infty$ 范围可调。求 R_{L} 吸收功率的最大值。

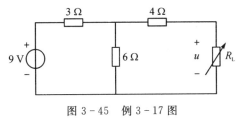

图 3-45　例 3-17 图

解　首先求解电路在 R_{L} 两端的戴维南等效电路,其开路电压和入端电阻分别为

$$u_{OC} = \frac{6}{3+6} \times 9\ \mathrm{V} = 6\ \mathrm{V}$$

$$R = 4\ \Omega + \frac{3 \times 6}{3+6}\ \Omega = 6\ \Omega$$

则当 $R_{L} = R = 6\ \Omega$ 时负载电阻 R_{L} 获得的功率最大,其值为

$$p_{max} = \frac{u_{OC}^{2}}{4R} = 1.5\ \mathrm{W}$$

请读者思考:图 3-45 所示电路中,当负载 R_{L} 获得的功率最大时,其功率是否一定是 9 V 电压源发出功率的一半? 为什么?

习题 3

3-1 电路如题 3-1 图所示,已知 $i_1 = 1\,\mathrm{A}$,$i_2 = 2\,\mathrm{A}$,求电流 i_3。

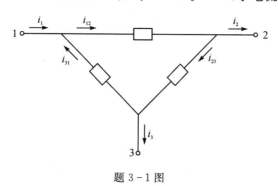

题 3-1 图

3-2 电路如题 3-2 图所示,已知结点 1、2、3 到结点 0 的电压分别为 $u_{10} = 6\,\mathrm{V}$、$u_{20} = 2\,\mathrm{V}$、$u_{30} = 4\,\mathrm{V}$,求支路电压 u_A、u_B 和 u_C。

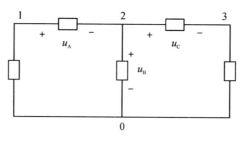

题 3-2 图

3-3 求题 3-3 图所示两个电路中每一电源发出的功率。

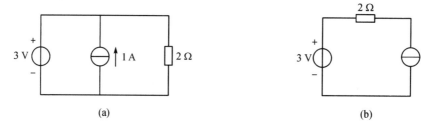

(a)   (b)

题 3-3 图

3-4 求题 3-4 图所示电路中每一电源发出的功率。

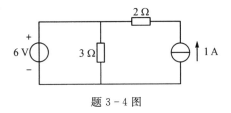

题 3 - 4 图

3 - 5　求题 3 - 5 图所示电路中每一元件的功率,并验证电路中的功率平衡。

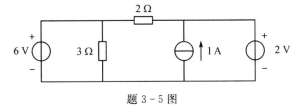

题 3 - 5 图

3 - 6　电路如题 3 - 6 图所示,求开关 S 断开时的电压 u 和闭合时的电流 i。

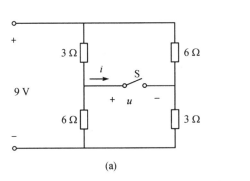

(a)

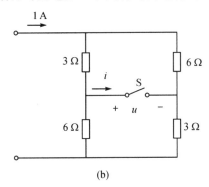

(b)

题 3 - 6 图

3 - 7　电路如题 3 - 7 图所示,求电流 i_1 和 i_2。

3 - 8　电路如题 3 - 8 图所示,用结点法求结点 1、2 的电压。

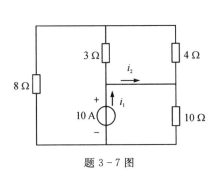

题 3 - 7 图

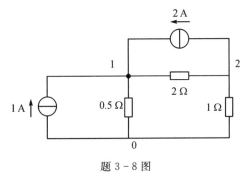

题 3 - 8 图

3-9　电路如题 3-9 图所示，用结点法求结点 1、2、3 的电压。

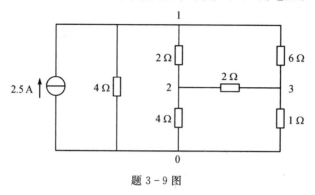

题 3-9 图

3-10　计算如题 3-10 图所示电路中结点 1 的电压。

3-11　电路如题 3-11 图所示，用结点法求每一电压源发出的功率。

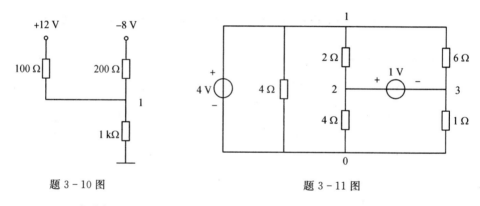

题 3-10 图　　　　　　　　　　　　　　　　题 3-11 图

3-12　如题 3-12 图所示电路有一个电流控制电流源，求结点 1、2、3 的电压。

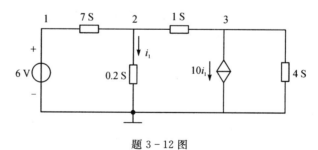

题 3-12 图

3-13　如题 3-13 图所示电路中,设 u_S 已知,VCCS 的跨导 $g_m = 10\ \text{S}$。试列写电路的结点方程,根据该方程能否求出结点电压,为什么?

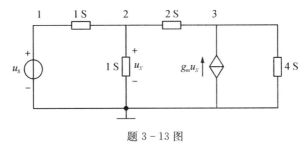

题 3-13 图

3-14　用回路法求如题 3-14 图所示电路中的支路电流 i_1、i_2 和 i_3。

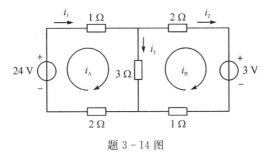

题 3-14 图

3-15　求如题 3-15 图所示电路中的回路电流 i_1、i_2 和 i_3。

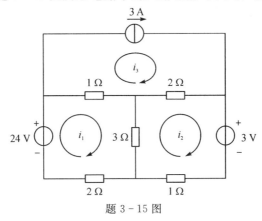

题 3-15 图

3-16　电路如题 3-16 图所示,对电源适当分组,用叠加定理求电流 i。

3-17　电路如题 3-17 图所示,对电源适当分组,用叠加定理求 $1\ \Omega$ 电阻中的电流 i。

3-18　用叠加定理求如题 3-18 图所示电路的输出电压 u。

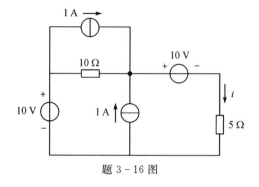

题 3 - 16 图

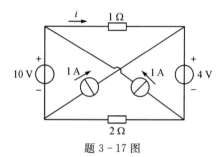

题 3 - 17 图

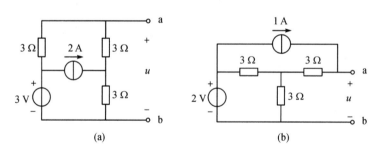

(a)   (b)

题 3 - 18 图

3 - 19　对电源适当分组，用叠加定理求如题 3 - 19 图所示电路中的端电压 u。

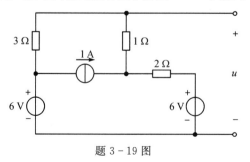

题 3 - 19 图

3 - 20 如题 3 - 20 图所示某一线性电阻电路,当 $u_S = 0$ V 时电流 $i = 1$ A;当 $u_S = 1$ V 时电流 $i = 3$ A。求 $u_S = -1$ V 时的电流 i。

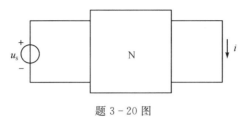

题 3 - 20 图

3 - 21 试用叠加定理求题 3 - 21 图所示电路中的电压 u。

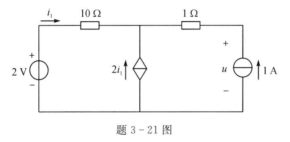

题 3 - 21 图

3 - 22 求如题 3 - 22 图所示电路中的电压 u。

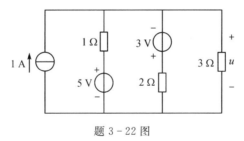

题 3 - 22 图

3 - 23 用结点法求如题 3 - 23 图所示电路中结点 1、2、3 的电压。

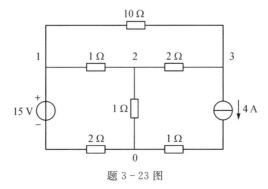

题 3 - 23 图

3-24 如题3-24图所示电路中,4 S电导与4 A电流源串联,3 S电导与6 S电导串联,用结点法求结点电压 u_1 和 u_2,并求4 A电流源发出的功率。

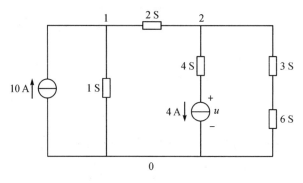

题 3-24 图

3-25 求如题3-25图所示的两个电路 a-b 端的戴维南等效电路。

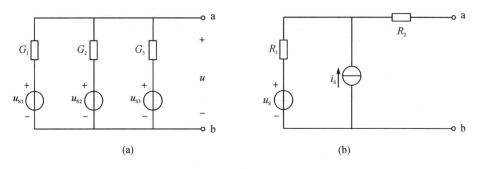

(a)　　　　　　　　　　　　　　　(b)

题 3-25 图

3-26 求如题3-26图所示电路的戴维南等效电路。

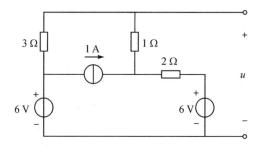

题 3-26 图

3-27　已知线性二端电阻电路的开路电压为 u_{OC}，端子接负载电阻 R_L 时的端电压为 u_L，求该二端电路的戴维南电阻。

3-28　如题 3-28 图中电流源 i_S 可调。问：i_S 为何值时，对任何 R，$i_R = 0$？

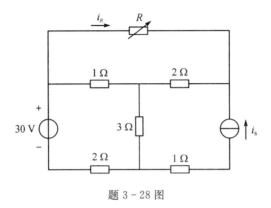

题 3-28 图

3-29　求如题 3-29 图所示电路 a-b 端的诺顿等效电路。

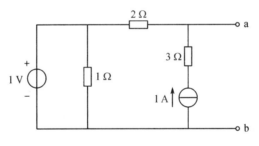

题 3-29 图

3-30　求如题 3-30 图所示的两个电路的入端电阻。

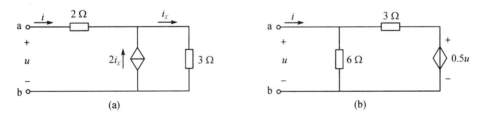

(a)　　　　　　　　　　　　　(b)

题 3-30 图

3-31　求如题3-31图所示电路a-b端的戴维南等效电路。

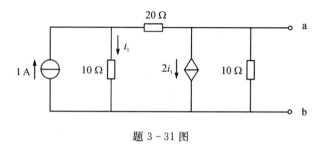

题 3-31 图

3-32　如题3-32图所示电路中,电阻R_L在$0\sim\infty$可调,求它所能获得的最大功率。

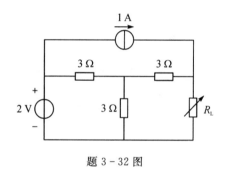

题 3-32 图

3-33　某装置A的伏安特性如题3-33图所示。(1)给出各直线所在子区间的等效电路。(2)若A外接一个$0.5\ \Omega$电阻,求u和i。(3)若A外接一个$2\ \Omega$电阻,求u和i。

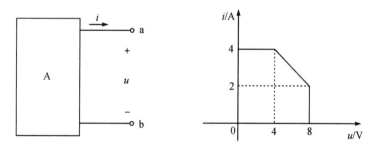

题 3-33 图

3 - 34　在如题 3 - 34 图电路中,设 N 由电阻和受控源组成,不含独立源,已知:当 $U_s=10$ V、$R=0$ 时,$I=1$ A;当 $U_s=15$ V、$R=10$ Ω 时,$I=1$ A。(1)求当 $U_s=100$ V、$R=30$ Ω 时的 I;(2)试给出 N 一种可能的电路。

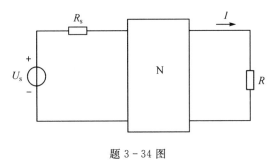

题 3 - 34 图

第4章 半导体二极管

半导体二极管是常用的二端电子器件,用它可实现电流的单向流动。本章介绍半导体二极管的单向导电机理及基本应用。在工作频率不很高的情况下,半导体二极管可被视为非线性电阻,本章介绍非线性电路的小信号分析法。二极管的种类较多,如稳压管、发光管、光敏管等,本章简要介绍其应用。

4.1 PN 结的单向导电性

自然界中的物质按照导电能力的强弱可分为导体、绝缘体和半导体。半导体的导电能力介于导体和绝缘体之间,如硅(Si)和锗(Ge)。完全纯净的无晶格缺陷的半导体称为本征半导体。硅(锗)原子有 4 个价电子(原子模型中的最外层电子),在单晶结构的半导体中,相邻 2 个原子的 1 对价电子形成共价键,如图 4-1 所示。在常温下,硅原子受到光照或热激发作用,一些价电子有可能获得足够大的能量,从而挣脱原子核的束缚成为自由电子,且在原来的共价键中留下一个空穴。在本征硅中,自由电子和空穴的数量相同,温度愈高,电子空穴对的浓度愈高。

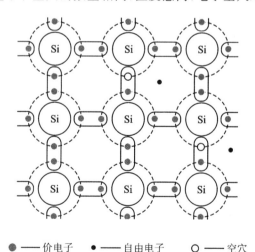

●——价电子 •——自由电子 ○——空穴

图 4-1 本征半导体的共价键

　　若给一块本征硅材料两端施加电场,由于自由电子带负电,则自由电子要逆电场方向移动,形成电子电流。此外,空穴也会被相邻原子的价电子填充,填充来的价电子在其原位置产生出新的空穴,这相当于空穴沿电场方向移动,形成空穴电流。与金属材料的导电原理不同,半导体材料中存在两种载流子:带负电的自由电子和带正电的空穴。

　　由于本征半导体中载流子的浓度很低,所以电阻率大。通过半导体工艺,如果在本征硅中掺入微量的磷(P)或砷(As)等Ⅴ族元素,磷原子的 4 个价电子与周围 4 个硅原子形成共价键,剩余的一个价电子由于不受共价键的束缚成为自由电子,此时的磷原子因失去一个电子成为正离子,如图 4-2(a)所示。在这种掺杂半导体中,自由电子的数目远高于空穴的数目,自由电子是多数载流子(简称多子),空穴是少数载流子(简称少子),这种掺杂半导体称为 N 型半导体。

　　如果在本征硅中掺入微量的硼(B)或铝(Al)等Ⅲ族元素,硼原子的 3 个价电子与周围硅原子形成共价键,要形成稳定共价键则还缺少一个电子,即存在一个空穴,如图 4-2(b)所示。这种掺杂半导体中空穴的数目远大于自由电子的数目,空穴是多子,自由电子是少子,称其为 P 型半导体。

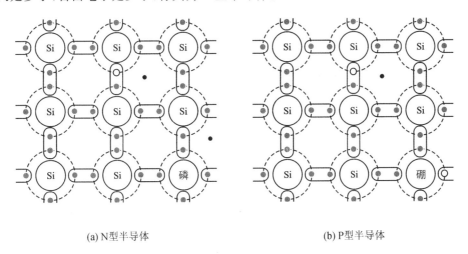

(a) N 型半导体　　　　　　　　　　　　　　　　(b) P 型半导体

图 4-2　掺杂半导体的共价键

　　无论是 N 型半导体还是 P 型半导体,整体都呈电中性,多子的浓度与掺杂有关,少子的浓度与温度有关。

　　若在 N 型半导体的一侧通过掺杂工艺再制作出 P 型半导体,如图 4-3(a)所示。在两种半导体接合处附近区域,这两种半导体不再彼此孤立,而要产生一定的物理现象,这一区域称为 PN 结。为了易于说明,用图 4-3(b)表示其结构,由于两

种半导体中的载流子浓度不同,则载流子浓度高的要向浓度低的方向扩散,N 型半
导体中的多子自由电子向其浓度低的 P 型半导体中扩散,与空穴复合,这些自由电
子扩散后在其身后留下不能移动的正离子,图中用"⊕"表示;同时,P 型半导体中
的多子空穴要向其浓度低的 N 型半导体中扩散,与自由电子复合,这些空穴的扩
散在其身后留下不能移动的负离子,图中用"⊖"表示。

　　多子扩散过程中,N 区的正离子与 P 区的负离子形成内电场,方向由 N 区指
向 P 区,内电场的存在一定程度上阻碍多子的进一步扩散,但有利于少子的定向移
动(漂移),P 区的少子自由电子向 N 区漂移,N 区的少子空穴要向 P 区漂移。多子
的扩散形成扩散电流,少子的漂移形成漂移电流,当二者达到动态平衡后,在两种
半导体接合面两侧非常窄的区域,由不能移动的正负离子形成"空间电荷区",由于
该区域不再有载流子,故而也称为"耗尽区"。根据正负离子的分布,可计算出 PN
结的电势分布,如图 4-3(b)所示。

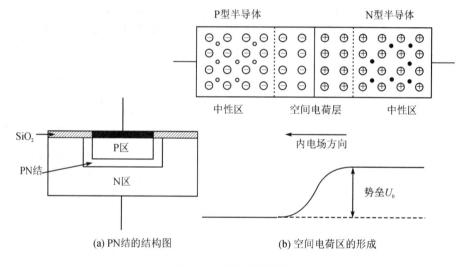

(a) PN结的结构图　　　　　　　　　(b) 空间电荷区的形成

图 4-3　PN 结的结构

　　与一段均匀材料的导电性不同,PN 结具有单向导电性。给 PN 结的外端子施
加电源,设 P 型与 N 型半导体外端子间的电压为 U,$U>0$ 时称 PN 结为正向偏置
(正偏),如图 4-4 所示。正向偏置时,由于外加电压在一定程度上削弱了 PN 结
的内电场,耗尽区变薄,这有利于多子的扩散运动。当 U 比较小时,正向电流 I 几
乎为零,称其为死区,一般硅材料 PN 结的死区电压约为 0.5 V,锗材料 PN 结的死
区电压约为 0.1 V。在死区电压范围内,外电场还不足以克服内电场,多子扩散运
动并不显著,所以电流 I 很小。当 U 大于死区电压时,电流 I 随 U 的增加快速增

大,PN 结呈现低阻(导通)状态。

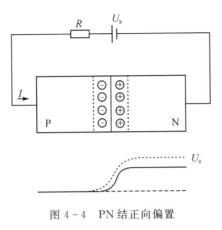

图 4 - 4 PN 结正向偏置

当外加电压 $U<0$ 时,称 PN 结反向偏置(反偏),如图 4 - 5 所示。在这种情况下,外加电压增强了 PN 结的内电场,耗尽区变宽,不利于多子的扩散,而有利于少子的漂移,P 区电子向 N 区漂移,N 区空穴向 P 区漂移。常温下,由于少子浓度很低,即使全部少子参与导电,流经 PN 结的电流也很小,PN 结呈现高阻(截止)状态。在比较宽的电压范围内,电流的变化并不明显,设用 I_S 表示从 N 区经 PN 结流向 P 区的电流,称其为反向饱和电流,通常 I_S 不高于微安(μA,$1 \mu A=1\times10^{-6}$ A)量级,集成电路中可小于皮安(pA,$1 pA=1\times10^{-12}$ A)量级。PN 结反向偏置时,$I\approx-I_S$。

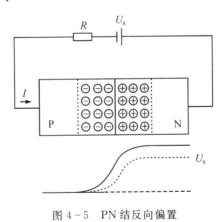

图 4 - 5 PN 结反向偏置

当反向电压达到一定程度时,表现出反向电流随反向电压而急剧增大,严重时会发生热击穿,PN 结工作在反向击穿区。

4.2　半导体二极管的端特性

半导体二极管实际上就是一个经过封装的 PN 结,按照所用的半导体材料分为硅二极管和锗二极管,按照管芯结构可分为点接触型二极管和面接触型二极管,如图 4-6 所示。点接触型二极管所允许的电流比较小,常用于检波等高频小电流场合,面接触型二极管 PN 结的面积较大,允许流过的电流较大,常用于整流等低频场合。

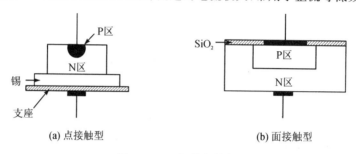

(a) 点接触型　　　　　　　　　　　　　　(b) 面接触型

图 4-6　二极管的结构

二极管的电路符号如图 4-7 所示,从 P 型半导体引出的端子 a 称为正极或阳极(anode),从 N 型半导体引出的端子 k 称为负极或阴极(cathode)。设半导体二极管上电压 U_D 和流经电流 I_D 取图 4-7 中所示参考方向,某锗管和硅管的伏安特性如图 4-8 中所示,其特性是非线性的。

图 4-7　二极管的图形符号

PN 结二极管具有单向导电性,正向偏置时电流较大,称其为导通状态,反向偏置时电流很小,称其为截止状态。不考虑击穿区时,从 PN 结的相关知识可推导出二极管的电压电流关系近似为

$$I_D \approx I_S(e^{\frac{U_D}{U_T}} - 1) \tag{4-1}$$

式中:I_S 称为二极管的反向饱和电流,当 $U_D<0$ 时,$I_D \approx -I_S$;U_T 称为热电压,$U_T=kT/q$,k 为玻耳兹曼常数,$k \approx 1.38 \times 10^{-23}$ J/K,q 为元电荷,$q \approx 1.6 \times 10^{-19}$ C,T 为热力学温度,室温下($T=300$ K 时)$U_T \approx 26$ mV。从式(4-1)可知:当 $U_D \gg U_T$ 时,方程近似为

$$I_D \approx I_S e^{\frac{U_D}{U_T}} \tag{4-2}$$

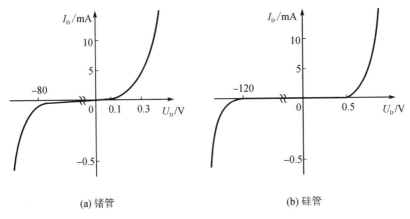

(a) 锗管　　　　　　　　　　　　(b) 硅管

图 4 - 8　二极管的伏安特性曲线

即二极管正向导通时的电流 I_D 近似按指数规律变化。

　　由于二极管在正反向偏置时呈现出不同大小的电阻,可用万用表判断二极管的管脚。将万用表的功能旋钮调至电阻挡,测量二极管的正向和反向电阻,电阻值小的情况一定是二极管正向导通,这时黑表笔(表内电池正极)连接的是二极管的阳极,红表笔连接的是二极管的阴极。

　　二极管的伏安特性是非线性的,一般来说,非线性电路的分析较为复杂。在分析电路的工作原理时,往往将非线性特性曲线用折线近似,从而把原本的非线性问题转化为多个线性电路的分析。

　　当二极管正向导通时,如果管压降与其回路中其他器件上的电压相比可以忽略不计(一般指相差一个数量级),这时可把二极管视作短路,其特性为正电流轴上的直线;当二极管反向偏置时,若其电流与所在结点上其他支路电流相比可以忽略不计时,二极管可视作开路,其特性为负电压轴上的直线。具有如图 4 - 9 所示伏安特性的二极管称为理想二极管,即:当 $I_D > 0$ 时 $U_D = 0$,称二极管导通;当 $U_D < 0$ 时 $I_D = 0$,称二极管截止。

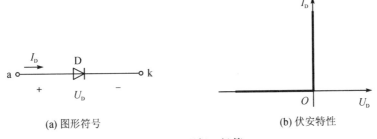

(a) 图形符号　　　　　　　　　　　　　　(b) 伏安特性

图 4 - 9　理想二极管

例 4 - 1　求图 4 - 10 所示两个电路中的电流 I。

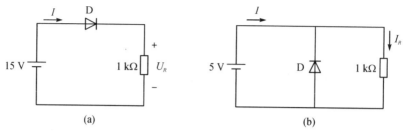

图 4 - 10　例 4 - 1 图

解　图 4 - 10(a)所示电路中,二极管 D 正向导通,由于电源电压远大于二极管的管压降,可视二极管是理想的,导通电压是零,则根据电阻的 VCR 求得电流

$$I = \frac{15\ \text{V}}{1\ \text{k}\Omega} = 15\ \text{mA}$$

图 4 - 10(b)所示电路中,二极管 D 反向偏置,由于流经电阻的电流 $I_R = 5\ \text{mA}$,而二极管反向饱和电流为微安级,所以在求电源电流时,可视二极管是断开的,则电流 $I = 5\ \text{mA}$。

当电路中有多个二极管时,若视二极管是理想的,判断各二极管是导通还是截止,可用下述方法判断:(1)首先把二极管从电路中移去,求出各开路电压,电压最大的一个判定为导通状态;(2)用短路线置换上步中的导通二极管,再重新求解其余二极管的开路电压,按步骤(1)判定二极管的状态;(3)判断完所有二极管的状态后,再次检验其正确性。

例 4 - 2　电路如图 4 - 11 所示,设二极管是理想的,试判断二极管是导通的还是截止的,并求出电压 U_{AB}。

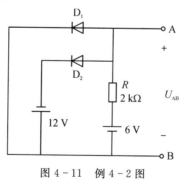

图 4 - 11　例 4 - 2 图

解　移去两个二极管后的电路如图 4 - 12(a)所示,求得二极管位置的开路电压 $U_{D1} = 6\ \text{V}$,$U_{D2} = 18\ \text{V}$;由于 D_2 上的电压大于 D_1 上的电压,故 D_2 是导通的,如

图 4 - 12(b)所示,该电路中,由于 $U_{D1}<0$,故 D_1 截止,则 $U_{AB}=-12\ V$。

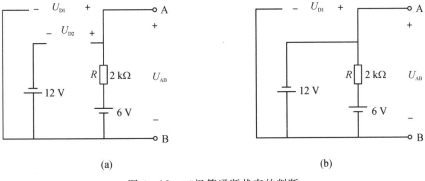

(a)　　　　　　　　　　　　　　　　　　　　(b)

图 4 - 12　二极管通断状态的判断

　　利用二极管的单向导电性可实现整流、电压限幅等功能。所谓整流,就是将交流电变换为直流电,应用于整流目的的二极管称为整流二极管,一般要求这种二极管能够导通比较大的电流并可承受较高的反向电压。图 4 - 13(a)所示电路,输入电压 u_{IN} 是市电经变压器降压后的正弦波电压,当 $u_{IN}>0$ 时,二极管 D_1 和 D_3 导通,D_2 和 D_4 截止,输出电压 $u_O \approx u_{IN}$;当 $u_{IN}<0$ 时,二极管 D_2 和 D_4 导通,D_1 和 D_3 截止,输出电压 $u_O \approx -u_{IN}$,即 u_O 不小于零。图 4 - 13(a)所示电路的输入为交流电压,输出为脉动直流电压,如图 4 - 13(b)所示。

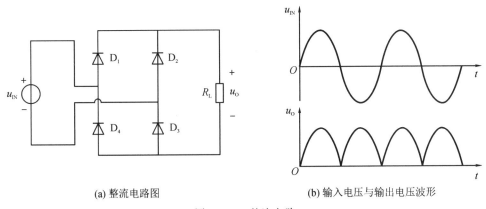

(a) 整流电路图　　　　　　　　　　　(b) 输入电压与输出电压波形

图 4 - 13　整流电路

　　用二极管也可实现电压的限幅,如图 4 - 14 所示。设两个二极管是理想的。

当 $u_{IN}>U_S$ 时,二极管 D_1 导通,则 $u_O=U_S$;

当 $u_{IN}<-U_S$ 时,二极管 D_2 导通,则 $u_O=-U_S$;

当 $|u_{IN}|<U_S$ 时,两个二极管均截止,则 $u_O=u_{IN}$。

　　可见,输出电压被限制在 $-U_S<u_O<U_S$ 的范围内,如图 4 - 14 所示,限幅后,

输入电压被削顶。二极管的限幅作用常用于器件的过压保护。

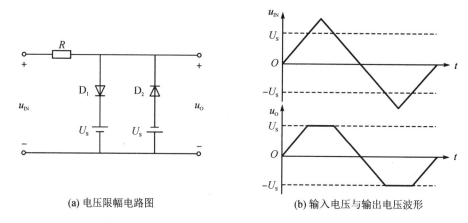

(a) 电压限幅电路图　　　　　　　(b) 输入电压与输出电压波形

图 4-14　电压限幅电路

　　二极管的理想化模型有助于简化问题,一般不影响对电路工作原理的讨论,但有时会造成比较大的计算误差。实际计算时,二极管的伏安特性也常用图 4-15所示的三段折线近似:二极管导通时,其电路模型是电压为 U_{on} 的电压源与电阻 r_{on} 的串联。通常,锗管的 U_{on} 取 0.3 V,硅管的取 0.7 V。大功率硅整流二极管的正向管压降比较大,U_{on} 也可能达 1.5 V。

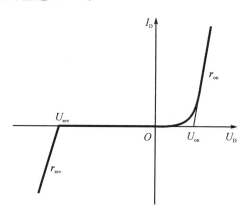

图 4-15　二极管伏安特性的折线近似

　　PN 结二极管的一些电参数如下:

　　(1)反向击穿电压 U_{BR}——它是二极管反向电流值增大到某一规定值时的反向电压值。为了确保管子的安全工作,定义管子反向击穿电压的一半为最高反向工作电压峰值 U_R。

（2）反向电流 I_R——室温下，在某一反向电压处二极管的反向电流。反向电流 I_R 愈小，表明单向导电性愈好。

（3）正向电压降 U_F——二极管流过额定半波整流电流时管压降的平均值，或通过一定直流电流时的管压降。硅二极管的导通电压一般在 $0.7\ \mathrm{V}$ 左右，锗二极管的导通电压一般在 $0.3\ \mathrm{V}$ 左右。

（4）额定整流电流 I_F——二极管工作在半波整流电路中，长期运行能够承受的电流的平均值。

（5）最高工作频率 f_M——二极管的单向导电性不致明显变差的最高信号频率。

此外，二极管的特性与温度有关。温度每升高 $10\,^\circ\!\mathrm{C}$，反向饱和电流大约增加一倍。设用 $I_S(T)$ 表示温度 T 时的反向饱和电流，有

$$I_S(T) \approx I_S(T_0)2^{\frac{T-T_0}{10}}$$

温度每升高 $1\,^\circ\!\mathrm{C}$，二极管的正向电压和死区电压将降低 $2\sim2.5\ \mathrm{mV}$。所以，当温度升高时，反向特性曲线向下伸展，正向特性曲线向左收缩，如图 4-16 所示。

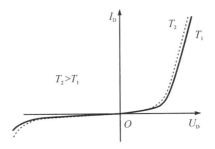

图 4-16　温度对二极管特性的影响

4.3　非线性电路的小信号分析法

半导体二极管为非线性器件，非线性电路的严格分析比较复杂，目前还没有普遍适用的方法。在信号放大类电路中，供电电源经电阻分压使非线性器件工作在特定区域。在特定条件下，如果能够建立电路中各信号分量具有的关系，则可简化电路分析。

设非线性电阻为压控型的，电流从电压正极性端流进，其 VCR 为

$$I = f(U) \qquad\qquad (4-3)$$

大写符号 I 和 U 表示把电路中输入信号置零条件下的直流解；若用 i 和 u 表示附

加于直流解上的交变量,则

$$I + i = f(U + u) \tag{4-4}$$

上式中交变电流 i 与交变电压 u 之间的关系是非线性的,设函数 $f(U+u)$ 在 $f(U)$ 处能够用泰勒级数展开:

$$f(U+u) = f(U) + \frac{\mathrm{d}f(U)}{\mathrm{d}U} \cdot u + \frac{1}{2!} \frac{\mathrm{d}^2 f(U)}{\mathrm{d}U^2} \cdot u^2 + \cdots \tag{4-5}$$

若 u 足够小,上式中的高次项可忽略不计,则

$$f(U+u) \approx f(U) + \frac{\mathrm{d}f(U)}{\mathrm{d}U} \cdot u$$

由该式得

$$i = \frac{\mathrm{d}f(U)}{\mathrm{d}U} \cdot u \tag{4-6}$$

式(4-6)给出了交变电流和交变电压之间的近似关系式,且具有线性电阻的 VCR,其系数称为该非线性电阻在直流工作点处的动态电导(或称小信号电导、交流电导、增量电导),设用 g 表示,有

$$g = \frac{\mathrm{d}f(U)}{\mathrm{d}U} \tag{4-7}$$

它的倒数称为工作点处的动态电阻,设用 r 表示,有 $r = 1/g$。

　　由上式,动态电导 g 是非线性电阻特性曲线在直流解处的斜率,如图 4-17 所示,直流解也称为直流工作点,式(4-6)的本质是直流工作点 Q 处曲线的线性化,在交变分量 u 变化范围很小的情况下,这种近似是有效的,线性化后波形的对应关系如图 4-17 所示。

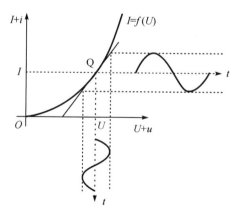

图 4-17　非线性电阻的动态电导

　　类似地,对电流控制型非线性电阻 $U = f(I)$,则直流工作点处的动态电阻 r 为

$$r = \frac{\mathrm{d}f(I)}{\mathrm{d}I} \qquad (4-8)$$

在对非线性电路作小信号法分析时,按符号书写习惯,非线性器件电压和电流的直流解使用大写符号及大写下角标表示,小信号量使用小写符号及小写下角标表示。以二极管 D 的电流 i_D 为例,有

$$i_\mathrm{D} = I_\mathrm{D} + i_\mathrm{d}$$

其中:

i_D(电流符号小写,下标大写),表示全瞬时电流;

I_D(电流符号与下标均大写),表示 i_D 的直流解;

i_d(电流符号与下标均小写),表示 i_D 中去除其直流解后的信号量。

下面求解 PN 结二极管正向导通时的动态电阻。由于

$$I_\mathrm{D} = I_\mathrm{S}(\mathrm{e}^{\frac{U_\mathrm{D}}{U_\mathrm{T}}} - 1) \qquad (4-9)$$

则

$$\frac{\mathrm{d}I_\mathrm{D}}{\mathrm{d}U_\mathrm{D}} \approx \frac{1}{U_\mathrm{T}} I_\mathrm{S} \mathrm{e}^{\frac{U_\mathrm{D}}{U_\mathrm{T}}}$$

二极管正向导通时,上式右端近似为 $I_\mathrm{D}/U_\mathrm{T}$,则二极管在工作点处的动态电导 g_d 和动态电阻 r_d 分别为

$$g_\mathrm{d} = \frac{I_\mathrm{D}}{U_\mathrm{T}} \qquad (4-10)$$

$$r_\mathrm{d} = \frac{U_\mathrm{T}}{I_\mathrm{D}} \qquad (4-11)$$

即 PN 结二极管正向导通时的动态电阻为热电压除以直流工作点处的电流。例如,若二极管工作点处电流 $I_\mathrm{D} = 1\ \mathrm{mA}$,则室温下它的动态电阻为

$$r_\mathrm{d} = \frac{26\ \mathrm{mV}}{1\ \mathrm{mA}} = 26\ \Omega$$

流经二极管电流的直流分量愈大,则其动态电阻愈小。

在用动态电阻表示小信号电压和电流的关系时,对小信号量的大小是有要求的,经一定推导,只有满足

$$|u_\mathrm{d}| \ll U_\mathrm{T}$$

的条件时,对二极管的线性化处理才有效。

用如图 4-18 所示电路说明非线性电路的小信号分析。设半导体二极管 D 的 VCR 为 $I_\mathrm{D} = f(U_\mathrm{D})$,信号源电压 u_s 的绝对值远小于直流源电压 U_S,$|u_\mathrm{s}| \ll U_\mathrm{S}$,即为小信号情况。

首先,把信号源 u_s 置零,求解电路的工作点,如图 4-19(a)所示。该电路非线性部分和线性部分的方程分别是

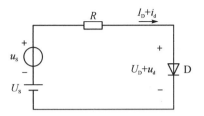

图 4 - 18　非线性电路的小信号分析

$$I_D = f(U_D) \tag{4-12}$$

$$I_D = \frac{U_S - U_D}{R} \tag{4-13}$$

绘出以上两式的伏安特性,式(4-13)为直线,习惯上称为直流负载线,它在电压轴上的截距为 U_S,在电流轴上的截距为 U_S/R,如图 4-19(b)所示。同时满足以上两式的 U_D 和 I_D 只能是交叉点 Q 处的值,Q 点即为电路的工作点。

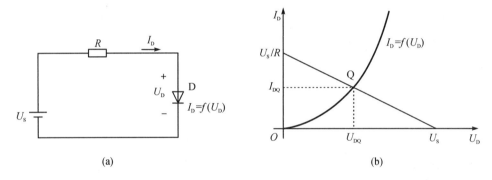

图 4 - 19　直流工作点分析

其次,在工作点处把非线性元件的特性线性化,二极管 D 的动态电阻 r_d 为

$$r_d = \frac{1}{\dfrac{\mathrm{d}f(U_D)}{\mathrm{d}U_D}}$$

用电路图表示各个小信号量之间的关系,其中:直流电压源用短路置换(若有直流电流源,它用开路置换),信号源及线性电阻予以保留,非线性电阻用工作点处的动态电阻表示,小信号等效电路如图 4-20 所示。小信号等效电路不再是非线性的,用线性电路的各种方法求解。对图 4-20 所示电路,得

$$u_d = \frac{r_d}{R + r_d} u_s \tag{4-14}$$

至此,u_d 的直流解 U_D 和小信号解 u_d 均已求出,完成电路的小信号分析。

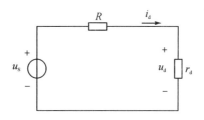

图 4 - 20　小信号等效电路

例 4 - 3　电路如图 4 - 18 所示,已知 $R = 10\ \text{k}\Omega$, $U_\text{S} = 20\ \text{V}$, $u_\text{s} = \cos(100t)\ \text{V}$,二极管 D 的 VCR 为

$$I_\text{D} = I_\text{S}(\text{e}^{\frac{U_\text{D}}{U_\text{T}}} - 1)$$

设二极管的工作点电压 $U_\text{D} = 0.7\ \text{V}$,试用小信号法计算二极管上的小信号电压 u_d。

解　本例中已给出直流解 $U_\text{D} = 0.7\ \text{V}$,则工作点电流 I_D 为

$$I_\text{D} = \frac{U_\text{S} - U_\text{D}}{R} = \frac{20\ \text{V} - 0.7\ \text{V}}{10\ \text{k}\Omega} = 1.93\ \text{mA}$$

由式(4 - 11),二极管的小信号电阻为

$$r_\text{d} = \frac{U_\text{T}}{I_\text{D}} = \frac{26\ \text{mV}}{1.93\ \text{mA}} = 13.47\ \Omega$$

由图 4 - 20 所示电路,小信号电压 u_d 为

$$u_\text{d} = \frac{r_\text{d}}{R + r_\text{d}} u_\text{s} = \frac{13.47\ \Omega}{10\ \text{k}\Omega + 13.47\ \Omega} \times \cos(100t)\ \text{V}$$

$$u_\text{d} = 1.35\cos(100t)\ \text{mV}$$

显然,$u_\text{d} \ll U_\text{T}$,说明该电路的小信号分析法是有效的。

4.4　特种二极管简介

人为利用 PN 结的反向击穿特性,可制作出起稳压作用的稳压二极管。PN 结也存在一定的电容效应,利用此可制作出变容二极管。二极管导通时存在电子与空穴的复合,复合就要对外释放能量,普通二极管和整流二极管主要释放热能,通过特殊工艺,若使二极管内电子与空穴复合时对外释放光能,则可制作出发光二极管。半导体材料具有光敏特性,利用该特性可制作出光敏二极管。

4.4.1　稳压二极管

当二极管的反向电压加大时,PN 结中的电场增强,少数载流子能量加大而漂移加速,少数载流子与半导体中的中性原子相碰撞后又产生出新的载流子,从而漂

移电流增大。当反向电压大到一定程度时,反向电流会急剧增大。对掺杂浓度较低的 PN 结,由于耗尽区较宽,碰撞会形成连锁反应,载流子的产生似雪崩,称为雪崩击穿。对掺杂浓度较高的 PN 结,由于耗尽层比较窄,所以在较低的反向电压下,就可以在耗尽区得到较强的电场,从而直接造成反向击穿,称为齐纳击穿。一般来说,击穿电压高于 6 V 时属于雪崩击穿,击穿电压低于 4 V 时属于齐纳击穿,而击穿电压在 4~6 V 之间时,两种击穿均有可能出现。

硅稳压二极管的图形符号和伏安特性如图 4 - 21 所示,其正向特性曲线和普通二极管的类似,但在反向击穿区,在电流很大范围内电压的变化很小,这一特性可用来稳定电压。

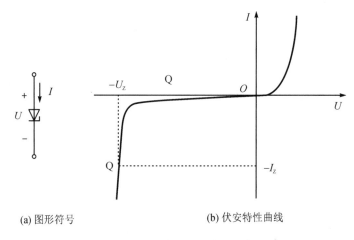

(a) 图形符号　　　　　　　　　　(b) 伏安特性曲线

图 4 - 21　硅稳压二极管的图形符号和伏安特性曲线

稳压二极管也称为齐纳二极管,主要参数如下:

(1)稳定电压 U_Z ——当流过稳压管的反向电流为规定的测试电流 I_Z 时,稳压管两端的反向电压值。

(2)稳压区动态电阻 r ——也称为交流电阻,它等于稳压管工作在稳压区时电压增量与电流增量之比,即

$$r = \frac{\mathrm{d}U}{\mathrm{d}I} \tag{4-15}$$

r 越小,表明击穿区特性越陡峭,稳压性能越好。稳压二极管工作在稳压区时,伏安特性曲线近似为直线,可用电阻 r 与电压源的串联等效,更简单地用电压为 U_Z 的理想电压源等效。

(3)最大允许工作电流 I_{ZM} ——稳压时所允许的最大电流,超过时会使管子从电击穿过渡到热击穿而损坏。

(4)最大允许功率 P_{ZM} ——近似等于 $U_Z I_{ZM}$。

(5)电压温度系数 α_U——温度每变化 1℃时 U_Z 的相对变化率。少子的浓度与温度关系极大：$U_Z > 6$ V 时的稳压管工作于雪崩击穿，而雪崩击穿由于碰撞要消耗能量，温度升高 U_Z 将增大，即具有正的温度系数 α_U；$U_Z < 4$ V 的稳压管工作于齐纳击穿，温度升高 U_Z 将减小，即具有负的温度系数 α_U；U_Z 介于 4 V 到 6 V 之间时，α_U 可能为正，也可能为负。

应用稳压管实现稳压的电路如图 4-22 所示，U_{IN} 是直流输入电压，通常在一定范围内变化；R 为限流电阻，防止由于电流过大导致稳压管损坏，在设计电路时，应根据负载电阻 R_L 和输入电压 U_{IN} 的变化范围选取合适的值。稳压管 D_Z 的接线必须使其工作在稳压区，阴极电位高于阳极电位。设稳压管 D_Z 的稳定电压为 U_Z、动态电阻忽略不计，图 4-22 所示电路能够实现稳压目的时，稳压管上的开路电压必须大于稳压管的稳定电压，即

$$\frac{R_L}{R + R_L} U_{IN} > U_Z \tag{4-16}$$

当元件参数不满足上式关系时，稳压管就不起稳压作用，它几乎处于断开状态。若从稳压管的工作电流角度考虑，I_Z 必须介于其最小值 I_{Zmin} 和最大值 I_{Zmax} 之间，即

$$I_{Zmin} < I_Z < I_{Zmax} \tag{4-17}$$

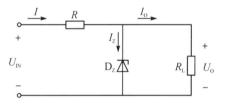

图 4-22　稳压电路

由图 4-22，流经稳压管的电流 I_Z 为

$$I_Z = I - I_O = \frac{U_{IN} - U_Z}{R} - \frac{U_Z}{R_L} \tag{4-18}$$

由式(4-17)和式(4-18)，有

$$I_{Zmin} < \frac{U_{IN} - U_Z}{R} - \frac{U_Z}{R_L} < I_{Zmax} \tag{4-19}$$

设负载电阻 R_L 变化的最小值和最大值分别为 R_{Lmin} 和 R_{Lmax}，输入电压 U_{IN} 的最小值和最大值分别为 U_{INmin} 和 U_{INmax}，从式(4-19)可求得限流电阻 R 的取值范围为

$$\frac{U_{INmax} - U_Z}{I_{Zmax} + \dfrac{U_Z}{R_{Lmax}}} < R < \frac{U_{INmin} - U_Z}{I_{Zmin} + \dfrac{U_Z}{R_{Lmin}}} \tag{4-20}$$

例 4-4　电路如图 4-22 所示，已知输入电压 $U_{IN} = 10$ V，稳压管 D_Z 的参数

为:稳定电压 $U_Z = 6\,\text{V}$,动态电阻忽略不计,最小工作电流 $I_{Zmin} = 5\,\text{mA}$,最大工作电流 $I_{Zmax} = 15\,\text{mA}$,在下列两种情况下分别求出限流电阻 R 的取值范围。(1)负载开路;(2)负载 $R_L = 2\,\text{k}\Omega$。

解　(1)$R_L = \infty$,由式(4-20)计算出 R 的最小值和最大值,分别为

$$R_{min} = \frac{U_{INmax} - U_Z}{I_{Zmax}} = \frac{10\,\text{V} - 6\,\text{V}}{15\,\text{mA}} = 0.267\,\text{k}\Omega$$

$$R_{max} = \frac{U_{INmin} - U_Z}{I_{Zmin}} = \frac{10\,\text{V} - 6\,\text{V}}{5\,\text{mA}} = 0.8\,\text{k}\Omega$$

即在负载开路时,限流电阻的取值范围为 $0.267\,\text{k}\Omega < R < 0.8\,\text{k}\Omega$。

(2)$R_L = 2\,\text{k}\Omega$,可计算出输出电流为

$$I_O = \frac{U_Z}{R_L} = \frac{6\,\text{V}}{2\,\text{k}\Omega} = 3\,\text{mA}$$

由式(4-20)计算出

$$R_{min} = \frac{U_{INmax} - U_Z}{I_{Zmax} + I_O} = \frac{10\,\text{V} - 6\,\text{V}}{15\,\text{mA} + 3\,\text{mA}} = 0.222\,\text{k}\Omega$$

$$R_{max} = \frac{U_{INmin} - U_Z}{I_{Zmin} + I_O} = \frac{10\,\text{V} - 6\,\text{V}}{5\,\text{mA} + 3\,\text{mA}} = 0.5\,\text{k}\Omega$$

图 4-22 所示稳压电路的结构简单,但输出电压不能调节,且输出电流受稳压管电流的限制,所以这种稳压电路只能用在输出电压固定、输出电流变化不大的场合。

4.4.2　发光二极管和光敏二极管

发光二极管(light-emitting diode,LED)是把电能转换为光能的一种二极管。当二极管正向偏置时,在邻近耗尽区数微米处,从 P 区扩散过来的空穴与 N 区电子复合,从 N 区扩散过来的电子与 P 区空穴复合,载流子复合时释放能量,在普通二极管和整流二极管中,这些能量以热的形式辐射出来,但在发光二极管中,能量以光的形式辐射。光的颜色与掺入半导体材料的化合物有关,常见的是发出红光、绿光和黄光的发光二极管。

发光二极管的正向特性和普通二极管的类似,但它的死区电压比较大,工作电压一般为 1.5~2.5 V,工作电流一般为 5~50 mA,目前市场上有的高亮度发光二极管产品,在工作电流为 2 mA 时,就可获得较高的亮度。发光二极管的反向击穿电压较低,一般为 3~5 V,如果过大,很可能损坏发光二极管。

发光二极管在电路及仪器中作为指示灯,或组成数字与文字显示,图 4-23 给出了一种交流电压指示器电路。该电路中,给发光二极管反向并联了一个整流二极管,使发光二极管上的反向电压很小。

光敏二极管也称光电二极管,它在反向偏置下工作,与普通二极管不同的是,为

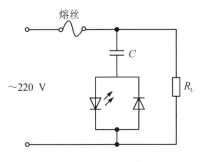

图 4-23　交流电压指示器

了能够接收入射光照,PN 结的面积较大,P 区很薄,且管子透明封装。没有光照时,反向电流很小,称为暗电流。当有光照射时,光能激发共价键上的束缚电子,使部分电子挣脱出来,从而产生电子空穴对,在反向电压作用下,它们形成漂移电流,其大小与光照强度成比例。光敏二极管广泛地应用于光电隔离、耦合以及光电转换中。

发光二极管和光敏二极管的图形符号如图 4-24 所示。

(a) 发光二极管　　　　　　　　　　　(b) 光敏二极管

图 4-24　发光二极管和光敏二极管的图形符号

4.4.3　变容二极管

PN 结存在一定的电容效应。正向偏置时,P 区和 N 区的多数载流子都向对方区扩散,变成了少数载流子,称其为非平衡少子。在空间电荷区外侧,非平衡少子分布并不均匀,距离耗尽区越远,非平衡少子的浓度越低。非平衡少子的数量或其电荷随正向电压增加而增加,表现出一种电容效应,称为扩散电容,用 C_d 表示。PN 结反向偏置时,少子很少,扩散电容可以忽略不计。

另一方面,PN 结耗尽区的宽度与电压有关,正向电压减小或反向电压增大时,耗尽层变宽,这种由于电压变化而引起耗尽区电荷的变化等同于电容,称为势垒电容,用 C_b 表示。

综上所述,PN 结的电容 C 由扩散电容 C_d 和势垒电容 C_b 共同组成,PN 结反向偏置时,电容是势垒电容 C_b。二极管工作在反向偏置时电容的影响大,变容二极管正是利用这一原理当作电容使用。电容值与所加反向电压成非线性关系,图 4-25 给出了某一变容二极管的电容值曲线。变容二极管常应用于电压控制电容值的场合,如电调谐问题。

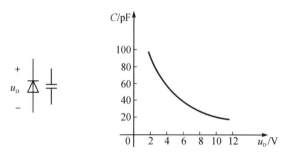

图 4-25　变容二极管的图形符号及电容值曲线

习题 4

4-1　温度对二极管的正向特性、反向特性和击穿特性有什么影响?

4-2　如何用多用表判断二极管的阳极和阴极? 在用多用表测量二极管的正向电阻时,用 $\Omega \times 1$ 挡测出的电阻值比 $\Omega \times 100$ 挡测出的电阻值小,为什么?

4-3　电路如题 4-3 图所示,试判断二极管是导通的还是截止的。

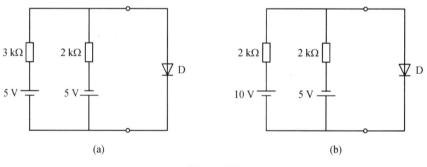

(a)　　　　　　　　　　　　　　　　(b)

题 4-3 图

4-4　题 4-4 图所示电路由一个线性电阻 R、一个理想二极管和一个直流电压源串联组成,已知 $R=2\,\Omega$, $U_S=1\,V$,画出 a-b 端的伏安特性。若把图中的二极管反接,再画出 a-b 端的伏安特性。

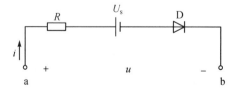

题 4-4 图

4-5 设二极管是理想的,试绘出题 4-5 图所示各电路的伏安特性。

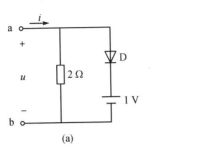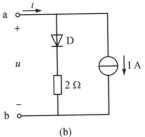

(a)

(b)

题 4-5 图

4-6 电路如题 4-6 图所示,设二极管是理想的,求电压 U_{AB}。

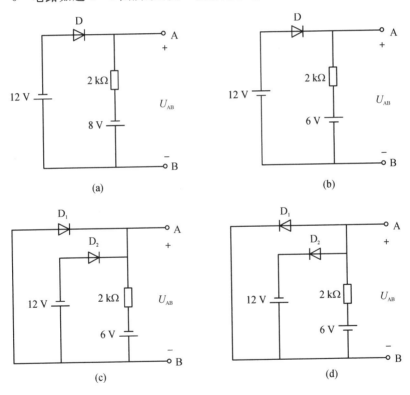

(a)

(b)

(c)

(d)

题 4-6 图

4-7 电路如题 4-7 图所示,已知 $u_{IN} = 5\sin(\omega t)$ V,设二极管的导通电压是 0.7 V,试绘出 u_{IN} 和 u_O 的波形。

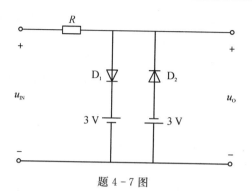

题 4 - 7 图

4-8　已知题4-8图电路中非线性电阻的 VCR 为 $U=2I+I^3$,工作点电流 $I=1\,\mathrm{A}$,信号源电压 $u_s(t)=\cos(2t)\,\mathrm{mV}$,试求电流的微变量 i。

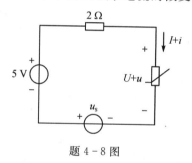

题 4 - 8 图

4-9　电路如题4-9图所示,已知 $R=200\,\Omega$,$U_S=5\,\mathrm{V}$,$u_s(t)=\cos(t)\,\mathrm{V}$,设 PN 结二极管具有指数特性,工作点处的电压 $U_D=0.7\,\mathrm{V}$,试求 i_D 和 u_D。

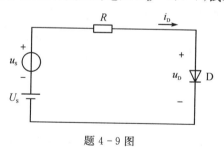

题 4 - 9 图

4-10　题4-10图所示电路是一个电压控制的分压器,直流电压 U 在 5～20 V 变化,直流电压 U 决定二极管的静态工作电流,并影响其动态电阻,小信号电压的输入和输出量分别用 $u_{in}(t)$ 和 $u_o(t)$ 表示。假设电容 C 在小信号等效电路中近似于短路,计算 $U=5\,\mathrm{V}$、$20\,\mathrm{V}$ 时的小信号电压放大倍数 u_o/u_{in}。设每一个 PN 结二极管在工作点处的导通电压为 $0.7\,\mathrm{V}$。

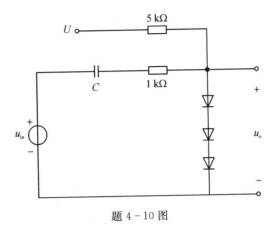

题 4 - 10 图

4 - 11　题 4 - 11 图所示各电路中 D_{Z1} 和 D_{Z2} 的稳压值分别为 6 V 和 9 V,求输出电压 U_{AB}。

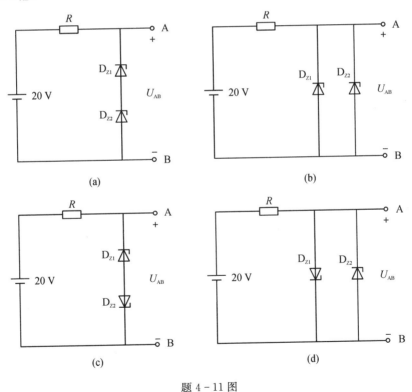

题 4 - 11 图

4 - 12　电路如题 4 - 12 图所示,已知硅稳压二极管 D_Z 的稳定电压为 $U_Z = 6$ V,电路的输入电压 $U_{IN} = 15$ V,负载电阻 $R_L = 2$ kΩ,限流电阻 $R = 2$ kΩ,试计算流经

稳压管的电流 I_z。另:若限流电阻 $R=4$ kΩ 时,问该电路还能否稳压,为什么?

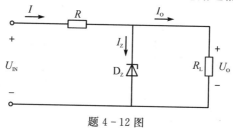

题 4 - 12 图

4 - 13　电路如题 4 - 12 图所示,已知硅稳压二极管 D_z 的稳定电压为 $U_z=6$ V,最小和最大工作电流分别为 $I_{Zmin}=1$ mA 和 $I_{Zmax}=22$ mA,电路的输入电压 U_{IN} 在 12~15 V 变化,负载电阻 R_L 在 1~2 kΩ 变化。试求题图 4 - 12 所示电路中限流电阻 R 的取值范围。

第 5 章 双极性晶体管

1947 年 12 月 23 日,第一只晶体管诞生于美国贝尔实验室,它的发明者们威廉·肖克利(William Shockley)、约翰·巴丁(John Bardeen)和沃尔特·布拉顿(Walter H. Brattain)因此获得了 1956 年的诺贝尔物理学奖。晶体管的出现令电子技术飞速发展,使得现代电子计算机和电子产品的出现成为可能。

最早获得广泛应用的晶体管,称为半导体三极管,现正式命名为双极性晶体管(bipolar junction transistor,BJT),双极性意指该器件依靠两种极性的载流子导电。本章首先介绍双极性晶体管的端特性,其次介绍用它实现的基本放大电路。

5.1 双极性晶体管的端特性

双极性晶体管是由两个背靠背的 PN 结组成的三端器件,它有三层掺杂半导体,中间层为 P 型半导体的称为 NPN 型晶体管,中间层为 N 型半导体的称为 PNP 型晶体管。NPN 型晶体管的结构如图 5 - 1(a)所示。从局部看,晶体管的结构可简化表示成图 5 - 1(b)。从每一掺杂半导体引出的电极,分别称为发射极 e(emitter)、基极 b(base)和集电极 c(collector)。在制作时,发射区半导体的掺杂浓度最高,面积最小,基区半导体的掺杂浓度最低,且很薄,为了能够收集源自发射区的电子,集电区的面积最大。在基区与发射区交界面附近形成的耗尽层称为发射结(b - e 结),在基区与集电区交界面附近形成的耗尽层称为集电结(b - c 结),这两个 PN 结是分析晶体管导电机理的核心,它们可以正偏或反偏,故晶体管存在四种工作模式。

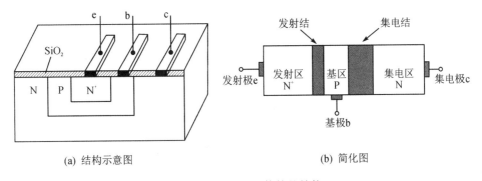

(a) 结构示意图   (b) 简化图

图 5 - 1 NPN 型晶体管的结构

晶体管的图形符号如图 5-2 所示。符号中,有箭头的端子代表发射极,箭头的方向意指发射结正向偏置时发射极电流的真实方向。本节以 NPN 型晶体管为例讨论其电流放大原理和端特性。

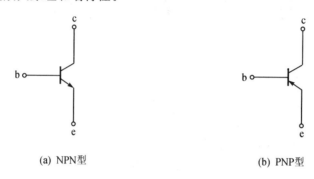

(a) NPN型　　　　　　　　　　　　　　(b) PNP型

图 5-2　晶体管的图形符号

5.1.1　晶体管的端特性

若发射结正向偏置,集电结反向偏置,如图 5-3 所示。发射结正偏时变窄,发射区的多子(自由电子)向基区扩散,基区的空穴向发射区扩散,由于基区的掺杂浓度很低,故而这部分空穴电流可以忽略不计。由于基区的掺杂浓度很低,且很薄,所以从发射区注入基区的电子只有极少量与基区的多子空穴复合,其余在电场作用下穿过集电结向集电区漂移,再经集电极流进直流源 U_{CB} 的正极性端。实际发现,发射区注入到基区的电子几乎按同一比例向集电极和基极分配。设集电极电流 I_C 和基极电流 I_B 的参考方向均指向晶体管,如图 5-3 中所示,它们间的比例关系为

$$I_C = \beta I_B$$

β 是晶体管的一个重要参数,称为共(发)射极电流增益,一般在几十至二百之间。由于集电结是反向偏置的,则集电区和基区的少子也会形成漂移电流,用 I_{CBO} 表示,称为集电结的反向饱和电流,方向从 c 端经集电结流向 b 端。该电流与发射极电流的大小无关,定义为发射极开路时,集电极与基极之间流过的反向饱和电流。考虑上 I_{CBO} 时,上式要修正为

$$(I_C - I_{CBO}) = \beta(I_B + I_{CBO})$$

从上式得

$$I_C = \beta I_B + (\beta + 1)I_{CBO} \tag{5-1}$$

若令式(5-1)中的基极电流 I_B 为零(基极开路),这时的集电极电流称为穿透电流,用 I_{CEO} 表示,即

$$I_{CEO} = (\beta + 1)I_{CBO} \tag{5-2}$$

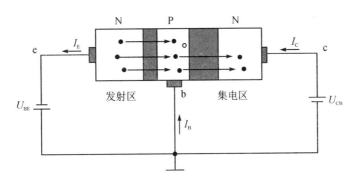

图 5 - 3　晶体管的电流放大

I_{CEO} 一般在纳安(nA，$1\ nA=1\times10^{-9}\ A$)量级，不考虑温度影响时，常被忽略。

　　忽略 I_{CEO} 时，有 $I_C=\beta I_B$，依据 KCL，流出发射极的电流 I_E 为

$$I_E = I_C + I_B = (\beta+1)I_B$$

若令 $I_C=\alpha I_E$，可得

$$\alpha = \frac{\beta}{\beta+1} \qquad\qquad (5-3)$$

α 反映了 I_C 与 I_E 间的比例关系，称为共基电流增益，其值接近于1。当 $\beta=100$ 时，求得 $\alpha=0.99$。

　　外电源也可按共射方式连接，如图 5 - 4 所示。若直流源电压 V_{CC} 足够大，电阻 R_B 和 R_C 的值适当，使晶体管的集电极电位高于基极电位，即 $U_C>U_B>0$，则晶体管也能工作在放大区。

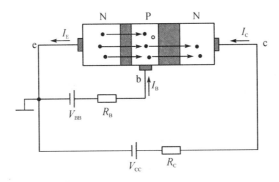

图 5 - 4　偏置电源的共射接法

　　晶体管是三端器件，依据 KCL，在任一时刻，三个端子电流的代数和为零，故而独立电流变量只有 2 个；依据 KVL，独立电压变量也只有 2 个。故而，晶体管的端特性用 2 个端电流变量和 2 个端电压变量描述。若以发射极为参考(共射组

态),则晶体管的端特性用 I_B、I_C、U_{BE} 和 U_{CE} 满足的关系式表示,或用反映它们间关系的输入特性、输出特性和转移特性曲线表征。

由晶体管的结构可知,在 c-e 端电压 U_{CE} 一定时,基极电流 I_B 与 b-e 端电压 U_{BE} 有关,可表示为

$$I_B = f_1(U_{BE})\big|_{U_{CE}=C}$$

对硅管,以 U_{CE} 为参量,I_B 随 U_{BE} 的变化如图 5-5 所示,该特性称为晶体管共射输入特性,它与 PN 结的正向特性类似。当 U_{CE} 由零开始逐渐增大时,特性曲线将向右偏移,当 $U_{CE}\geqslant 1\,V$ 时,各曲线几乎重合。

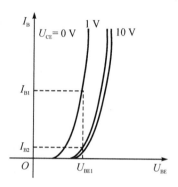

图 5-5　晶体管的输入特性

当 I_B 取不同定值时,I_C 与 U_{CE} 间的函数关系

$$I_C = f_2(U_{CE})\big|_{I_B=C}$$

称为晶体管共射输出特性,如图 5-6 所示。

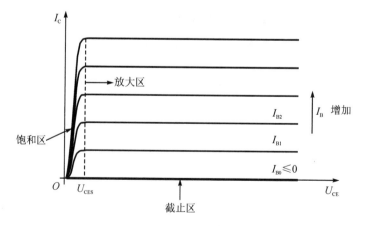

图 5-6　晶体管的输出特性

（1）发射结正偏、集电结反偏时，输出特性近似于一簇平行等距的水平线，I_C 与 I_B 基本保持线性关系，$I_\mathrm{C}=\beta I_\mathrm{B}$，因此把该区域称为放大区。本质上，集电极电流取决于发射结电压 U_BE，其关系类似于二极管的电压与电流关系，为

$$I_\mathrm{C} = I_\mathrm{S}(\mathrm{e}^{\frac{U_\mathrm{BE}}{U_\mathrm{T}}} - 1) \qquad (5-4)$$

其中 U_T 表示热电压；I_S 是晶体管的一个主要参数，称为传输饱和电流。对小功率硅管，I_S 的典型值为 2×10^{-15} A。晶体管的基极电流与发射结电压 U_BE 的关系为

$$I_\mathrm{B} = \frac{1}{\beta}I_\mathrm{S}(\mathrm{e}^{\frac{U_\mathrm{BE}}{U_\mathrm{T}}} - 1)$$

（2）实际晶体管的输出特性在放大区并不是纯粹的水平直线，如图 5-7 所示。集电极电流 I_C 与 U_CE 的大小有关，当输出特性反向延伸时，在 U_CE 负轴上交于 $U_\mathrm{CE}=-V_\mathrm{A}$ 处。电压 V_A 可到 100 V，称为厄利（Early）电压。在 U_BE 一定时，增大 U_CE 将增大集电结的反向偏置电压，从而增大了集电结的耗尽区宽度，导致基区有效宽度减小，使 I_C 成比例增加，这就是厄利效应。

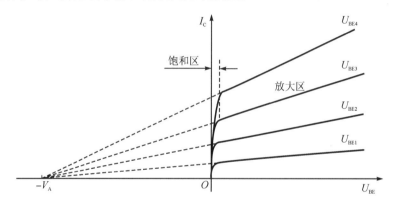

图 5-7　晶体管的厄利电压

（3）发射结和集电结均正向偏置时（$U_\mathrm{CE}<U_\mathrm{BE}$），在同一个基极电流下，集电结正偏时不利于基区非平衡少子（电子）向集电区流动，故而集电极电流较小，$I_\mathrm{C}<\beta I_\mathrm{B}$。增大 I_B 时，I_C 并不能按比例增大，最终趋近于某一饱和值，故称该工作区为饱和区。通常，硅管工作在饱和区时的集射电压 U_CES 在 0.3～0.4 V，锗管工作在饱和区时的集射电压 U_CES 在 0.1～0.3 V。

（4）发射结和集电结均反向偏置时，发射区的多子不能穿过发射结，而基区的自由电子形成的漂移电流非常小。在此区域内，$I_\mathrm{B}\approx0$，集电极只有微小的穿透电流 $I_\mathrm{C}=I_\mathrm{CEO}$，称晶体管工作在截止区。

（5）当 U_CE 的值大到一定程度时，会出现击穿现象。击穿电压的大小与电流的大小有关，电流越大，击穿电压值越小。

(6)若发射结反偏,集电结正偏,晶体管工作在倒置模式,这种情况很少应用。

5.1.2　晶体管的小信号模型

对信号放大用晶体管,它工作在放大区,端电流和端电压均为直流量与交流量的和。在直流工作点处,NPN 型晶体管基极电流随基射电压的变化为

$$\frac{\partial I_{B}}{\partial U_{BE}} = \frac{\dfrac{I_{S}}{\beta}e^{\frac{U_{BE}}{U_{T}}}}{U_{T}} \approx \frac{I_{B}}{U_{T}}$$

令

$$r_{\pi} = \frac{U_{T}}{I_{B}} \tag{5-5}$$

则小信号交流量的发射结电压 u_{be} 与基极电流 i_{b} 间满足的关系式为

$$u_{be} = r_{\pi}i_{b} \tag{5-6}$$

室温下 $U_{T} \approx 26 \, \text{mV}$,当直流工作点处的基极电流 $I_{B} = 10 \, \mu\text{A}$ 时,得 $r_{\pi} = 2.6 \, \text{k}\Omega$。一般来说,$r_{\pi}$ 的值在几百至几千欧姆。

小信号交流的集电极电流与基极电流间的关系为

$$i_{c} = \beta i_{b} \tag{5-7}$$

基于式(5-6)和式(5-7)构建的一种小信号模型如图 5-8 所示。其中:集电极电流受基极电流控制,用 CCCS 表示,电阻 r_{π} 称为共射输入电阻,也常表示为 r_{be}。

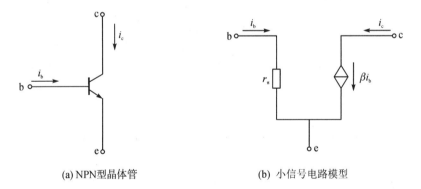

(a) NPN型晶体管　　　　　　　　(b) 小信号电路模型

图 5-8　晶体管的小信号模型

前已述及,在基极电流保持不变时,晶体管的集电极电流在放大区并非恒定,而是随 U_{CE} 的增加略有增加,这可用图 5-9 中的电阻 r_{o} 模拟,其值等于放大区输出特性曲线斜率的倒数,即

$$r_{o} = \frac{V_{A} + U_{CE}}{I_{C}} \approx \frac{V_{A}}{I_{C}} \tag{5-8}$$

其中:V_A 表示厄利电压;r_o 为晶体管的共射输出电阻,其值较大。图 5-9 中可进一步考虑上集电结的影响,这时的电路结构类似于字母 π,故而把该等效电路称为**混合 π 模型**。

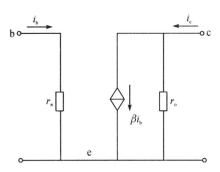

图 5-9　计入晶体管输出电阻的小信号模型

5.1.3　晶体管的温度特性

晶体管的特性与温度有关。当温度升高时,输入特性略向左移,如图 5-10(a)所示。可以看出,在同一 I_B 值下,温度升高时,发射结正向压降 U_{BE} 值将下降,具有负温度系数。实测温度每升高 1℃,U_{BE} 下降 2~2.5 mV。

I_{CBO} 是集电结反向偏置时少子的漂移运动形成的,所以当温度升高时,热运动加剧,少子浓度明显增大。因此,参与漂移运动的少子数目增多,即 I_{CBO} 增大。温度每升高 10℃,I_{CBO} 增加大约一倍。

晶体管的电流增益 β 也与温度有关。温度每升高 1℃,β 增加 0.5%~1%。因此,在温度升高时,输出特性不仅要上移,而且其间距也将增大,如图 5-10(b)所示意。

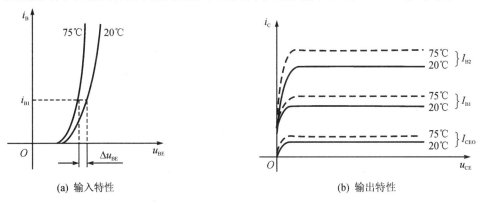

(a) 输入特性　　　　　　　　　　　　(b) 输出特性

图 5-10　温度对晶体管特性的影响

5.1.4 晶体管的极限参数

每一个晶体管都有一个工作的极限区间,以保证晶体管安全工作。

1. 集电极开路时发射极与基极间反向击穿电压 $U_{(BR)EBO}$

此为发射结所允许的最大反向电压,超过这一参数时,晶体管的发射结有可能被击穿,其值一般只有几伏。

2. 发射极开路时集电极与基极间反向击穿电压 $U_{(BR)CBO}$

它决定于集电结的反向击穿电压,其值一般在几十伏以上。

3. 基极开路时集电极与发射极间的击穿电压 $U_{(BR)CEO}$

基极开路时,U_{CE} 在集电结和发射结上分压,使集电结反偏、发射结正偏。当 U_{CE} 过大时,由于发射区扩散到基区的多数载流子数量增多,使 I_C 比 I_{CEO} 大得多,晶体管发生击穿。$U_{(BR)CEO}$ 的值一般总是小于 $U_{(BR)CBO}$。

4. 集电极最大允许功耗 P_{CM}

晶体管工作时,集电结有较大的功率消耗,导致集电结发热,温度升高。若晶体管的结温超过了 PN 结的最高允许温度时,就会破坏晶体管的正常工作,因此规定集电结的最大允许耗散功率,以防结温超过允许值。

5. 集电极最大允许电流 I_{CM}

当 I_C 大到一定数值后,β 值将随 I_C 的增加而明显下降,晶体管的电流放大能力变差。I_{CM} 就是当 β 值下降到测试条件规定值时所允许的最大集电极电流。

5.2 晶体管放大电路的图解分析

在电子电路和电子设备中需要对信号进行放大,电学中的放大和光学、力学中的放大有共同点,都是将被测信号(或物体)按照一定比例放大。例如扩音机中的放大,话筒将微弱的声音转换成电压信号,经过放大电路放大到需要的电压信号。这种把微弱的电信号放大到负载所需数值的过程称为放大,其本质是能量的控制和转换。因此,放大电路需要有供电电源提供能量,放大用晶体管必须工作在放大区,这样才能使输出量和输入量基本保持线性关系。

使用两个正直流电源的一种偏置电路如图 5-11(a)所示,在实际应用中最好使用单电源,如图 5-11(b)所示,图中电源 V_{CC} 的图形符号省去不画。直流电源 V_{CC} 通过电阻 R_B 和 R_C 给晶体管的基极和集电极提供合适的电压,使晶体管工作在放大区。

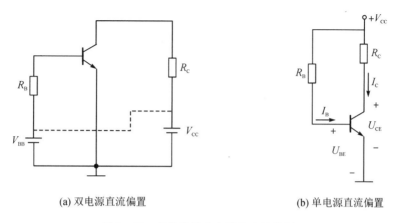

(a) 双电源直流偏置　　　　　　　(b) 单电源直流偏置

图 5 - 11　晶体管放大电路的直流偏置

晶体管的输入特性给出了基极电流 I_B 与 b - e 端电压 U_{BE} 的关系曲线,由于 I_B 也流经电阻 R_B,则

$$I_B = \frac{V_{CC} - U_{BE}}{R_B} \tag{5-9}$$

式(5-9)是晶体管外部电路限定的约束,其函数图像为一条直线,如图 5-12(a)所示。该直线在电流轴上的截距是 V_{CC}/R_B,在电压轴上的截距是 V_{CC},把该直线称为晶体管 b - e 端的直流负载线,它与晶体管输入特性的交点 Q 自然就是直流工作点处的解(U_{BEQ},I_{BQ})。

晶体管的输出特性给出了集电极电流 I_C 与 c - e 端电压 U_{CE} 的关系曲线,这两个量也要受晶体管外部电路的约束,依据电阻 R_C 的 VCR 得

$$I_C = \frac{V_{CC} - U_{CE}}{R_C} \tag{5-10}$$

式(5-10)的函数图像如图 5-12(b)中直线所示,它在电流轴上的截距是 V_{CC}/R_C,在电压轴上的截距是 V_{CC},把该直线称为晶体管 c - e 端的直流负载线。该负载线与基极电流为 I_{BQ} 对应曲线的交点 Q 即为晶体管直流工作点处的解(U_{CEQ},I_{CQ})。

1. R_B 对直流工作点的影响

在其他参数不变的条件下,R_B 的变化会导致 I_{BQ} 变化,直流工作点 Q 将沿着负载线上下移动。R_B 增大,会使 I_{BQ} 变小,Q 点向下移动,直至进入截止区。反之 R_B 减小,会使 I_{BQ} 变大,Q 点向上移动,直至进入饱和区。

2. R_C 对直流工作点的影响

在其他参数不变的条件下,R_C 增大,则负载线上的 V_{CC}/R_C 点向下移,使负载线变得平坦,Q 点向左移,有可能进入饱和区。反之 R_C 减小,负载线上的 V_{CC}/R_C

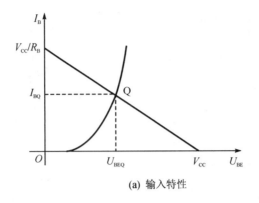

(a) 输入特性

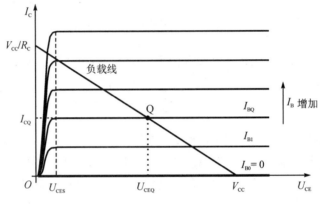

(b) 输出特性

图 5 - 12　直流工作点的图解

点向上移,使负载线斜率变陡,Q 点向右移。

3. V_{CC} 对直流工作点的影响

若基极电流不变,负载线的斜率不受 V_{CC} 的影响;若 V_{CC} 减小,则 Q 点向左移,反之 Q 点向右移。V_{CC} 增大有利于增加交流信号的动态范围,但它会受到晶体管击穿电压的限制,同时使得功耗变大。

4. β 对直流工作点的影响

在其他参数不变的条件下,对于同样的 I_{BQ},β 愈大,则 I_{CQ} 愈大,Q 点容易进入饱和区。

5. 温度对直流工作点的影响

温度的变化会影响 β、U_{BEQ}、I_{CBQ} 以及电阻的阻值,同样会引起直流工作点的变化,从而影响放大电路的交流性能指标。

在图 5-11(b)电路的基极是不能直接接入输入电压的,它会使晶体管的直流工作点发生改变。电容元件具有"隔直通交"作用,可用电容 C_1 连接输入电压源与晶体管基极,用电容 C_2 连接负载电阻 R_L 与晶体管集电极,如图 5-13 所示。则图 5-13 所示电路的直流通路是把电容断开后的电路,即图 5-11(b)所示电路,图解法分析如图 5-12 所示。

对交流量而言,电容上交流电压 $u_C(t)$ 与交流电流 $i_C(t)$ 的关系为

$$u_C(t) = \frac{1}{C}\int i_C(t)\mathrm{d}t$$

电容 C 愈大,其上的交流电压愈小,故而电容 C_1 和 C_2 的取值较大,一般为几十微法,使用电解电容,从功能上称它们为耦合电容。由于耦合电容的电容很大,故电容上的交流电压很小,在信号频率大于一定值时(通常为几十赫兹),耦合电容对交流信号近似于短路。

在图 5-13 所示电路中,晶体管 b-e 端交流电压 $u_{be}=u_{in}$,故 $u_{BE}=U_{BE}+u_{in}$,即 u_{BE} 的总瞬时值是在其工作点附近随输入电压 u_{in} 变化。利用晶体管的输入特性,很容易作出基极电流 i_B 的变化曲线,如图 5-14(a)所示。i_B 是在直流工作点处的 I_B 上附加了一个交流量 i_b。

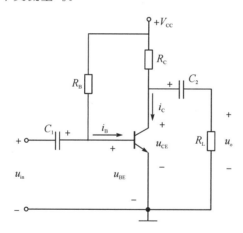

图 5-13　共射放大电路

在晶体管 c-e 端外部,对交流信号,由于耦合电容 C_2 近似于短路,则交流量 i_c 和 u_{ce} 满足的关系为

$$i_c = -(G_C + G_L)u_{ce}$$

其中 $G_C=1/R_C$,$G_L=1/R_L$,式中的负号是所取的参考方向引起的。则

$$i_C - I_C = -(G_C + G_L)(u_{CE} - U_{CE}) \tag{5-11}$$

在晶体管输出特性平面上绘出上式关系的图像,它是斜率为 $-(G_C + G_L)$ 且通过 Q

点的直线,称为晶体管 c-e 端的交流负载线,如图 5-14(b)所示。

根据已绘出的 i_B 的波形,设在 t_1 时刻,在 u_{CE}-i_C 平面上 $i_B(t_1)$ 与交流负载线的交点则为该时刻 $u_{CE}(t_1)$ 和 $i_C(t_1)$ 的解,以此可绘制出 $i_C(t)$ 和 $u_{CE}(t)$ 的波形,如图 5-14 所示。由于输出电压 u_o 等于 u_{CE} 的交流量 u_{ce},故从 u_{CE} 中去除其工作点处电压后的波形为输出电压 u_o 的波形。

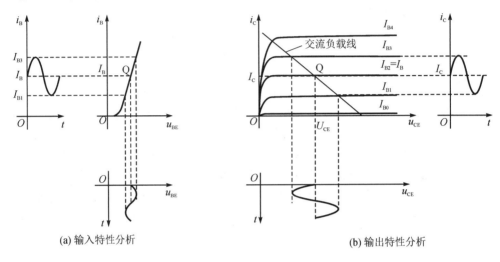

(a) 输入特性分析   (b) 输出特性分析

图 5-14　晶体管放大电路输出电压的图解

(1)图 5-13 所示电路中,对交流量,晶体管基极接输入,集电极提供输出电压,故称其为共射(共发射极)放大电路。由图解结果,电路的输出电压 u_o 与输入电压 u_{in} 是反相的,故当信号频率大于一定值时,该电路是一种反相电压放大。

(2)当输入信号变大或电路参数的改变等因素使得直流工作点偏移,使晶体管工作在非线性区,输出电压产生非线性失真。当 u_{in} 正半周电压增大时,i_C 沿负载线上移,若进入饱和区,i_C 几乎不再随着输入信号 u_{in} 的增大而增大,电压 u_{CE} 瞬时值为饱和压降 U_{CES},不再减小,则输出电压 u_o 负半周的底部被削去,产生饱和失真。

(3)当 u_{in} 负半周电压的绝对值增大时,i_C 沿负载线下移,若 u_{in} 使 u_{BE} 小于死区电压,晶体管工作进入截止区,i_C 近似为零,由式(5-11),u_{CE}-U_{CE} 近似为 $(R_C /\!/ R_L)I_C$,若输入电压继续增大,则输出电压 u_o 不再增大,产生截止失真。

(4)晶体管放大电路若要避免非线性失真,不仅要有合适的直流工作点,而且输入信号不宜过大,这样才能保证输出电压基本不失真,信号的放大才有意义。放大电路的最大不失真输出电压用输出交变电压的峰峰值 U_{opp} 表示,为

$$U_{opp} = 2 \times \min\{(U_{CE} - U_{CES}), (R_C /\!/ R_L)I_C\} \tag{5-12}$$

若图 5-13 所示电路中的负载开路,即 $R_L = \infty$,则最大不失真输出电压为

$$U_{\text{opp}} = 2 \times \min\{(U_{\text{CE}} - U_{\text{CES}}), R_{\text{C}} I_{\text{C}}\}$$

5.3　晶体管放大电路的小信号分析法

图解法比较直观,有助于理解电路的基本原理,但作图的前提是必须要知道晶体管的特性曲线,而且作图过程比较繁琐,难以定量计算。实际中,晶体管放大电路的分析常使用小信号法,该方法的本质是假设输入信号足够小,在直流工作点处对晶体管的非线性特性作线性化近似,建立小信号等效电路,运用线性电路的各种分析方法求出输出量。

小信号放大电路的输入与输出可以等效地表示为图 5 - 15 所示电路,其中 R_{s} 表示信号源的内阻,R_{L} 为负载。

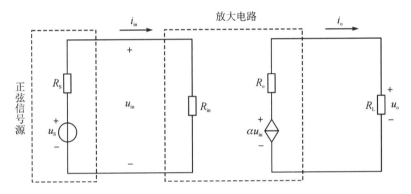

图 5 - 15　放大电路的示意图

5.3.1　小信号放大电路的性能指标

1. 增益 A

增益是衡量放大电路放大能力的主要指标,它等于放大电路的输出量与输入量之比。当输入、输出量都为电压信号时,称为电压增益(无量纲),表示为

$$A_u = \frac{u_{\text{o}}}{u_{\text{in}}}$$

当输入、输出量都为电流信号时,称为电流增益(无量纲),表示为

$$A_i = \frac{i_{\text{o}}}{i_{\text{in}}}$$

2. 输入电阻 R_{in}

放大电路的输入电阻是从信号源处看入电路的小信号等效电阻,定义为

$$R_{\text{in}} = \frac{u_{\text{in}}}{i_{\text{in}}}$$

它相当于信号源的负载，R_{in}越大，放大电路从信号源索取电流越小。当信号源的内阻R_s不为零时，输入电压u_{in}可看作u_s在输入电阻上的分压

$$u_{in} = \frac{R_{in}}{R_{in} + R_s} u_s$$

可见，当u_s一定时，输入电阻R_{in}越大，输入电压u_{in}也就越大。

3. 输出电阻R_o

对除去负载后的小信号电路进行戴维南等效，其入端电阻也称为输出电阻，设开路电压为u_{oc}，输出电阻为R_o，则当负载为R_L时的输出电压u为

$$u = \frac{R_L}{R_o + R_L} u_{oc}$$

输出电阻R_o越小，负载上的电压就越接近于负载开路时的电压u_{oc}。从上式可得

$$R_o = R_L \left(\frac{u_{oc}}{u} - 1 \right) \tag{5-13}$$

输出电阻的实际测量常用上式计算。

5.3.2　小信号分析法

小信号分析法总是先静态后动态，具体步骤为：

(1)把输入信号置零，电容用开路置换，画出直流通路，求出直流工作点。

(2)把供电直流源置零，即把直流电压源用短路置换，把直流电流源用开路置换，画出交流通路。交流通路中，假设耦合电容足够大，近似于短路。

(3)交流通路中晶体管用其小信号模型表示，画出小信号等效电路。对小信号等效电路，运用线性电路的各种分析方法求出电压增益、输入电阻和输出电阻。

以图 5-16(a)所示电压放大电路为例，其直流通路如图 5-16(b)所示。基极电流

$$I_B = \frac{V_{CC} - U_{BE}}{R_B} \tag{5-14}$$

对工作在放大区的晶体管，基极电流I_B和发射结电压U_{BE}遵循 PN 结二极管的指数关系，为

$$I_B = \frac{I_S}{\beta} \left(e^{\frac{U_{BE}}{U_T}} - 1 \right) \tag{5-15}$$

理论上，利用数值迭代方法，由以上两式完全可以解出I_B和U_{BE}的值，但在手工分析中，非线性方程的求解比较繁琐。一般来说，小功率硅管的U_{BE}在 0.7 V 左右，小功率锗管的U_{BE}在 0.3 V 左右。由式(5-14)，U_{BE}取值的微小差别对电流I_B的计算影响不大。本书中，若无特别说明，假设晶体管是硅管，计算时一律取$U_{BE} = 0.7$ V，从式(5-14)求出基极电流I_B。

晶体管的集电极电流 I_C 为

$$I_C = \beta I_B$$

依据 KVL，晶体管的集射电压 U_{CE} 为

$$U_{CE} = V_{CC} - R_C I_C \qquad (5-16)$$

根据假设，晶体管工作在放大区，因此计算出的结果必须要满足晶体管放大区的条件 $U_{CE} > U_{BE} > 0$。

图 5-16(a)所示电压放大电路的交流通路如图 5-16(c)所示，小信号等效电路如图 5-16(d)所示。R_C 与 R_L 并联，则

$$u_o = -(R_C \mathbin{/\mkern-5mu/} R_L)\beta i_b$$

$$u_{in} = r_\pi i_b$$

于是，电压增益为

$$A = \frac{u_o}{u_{in}} = -(R_C \mathbin{/\mkern-5mu/} R_L)\frac{\beta}{r_\pi} \qquad (5-17)$$

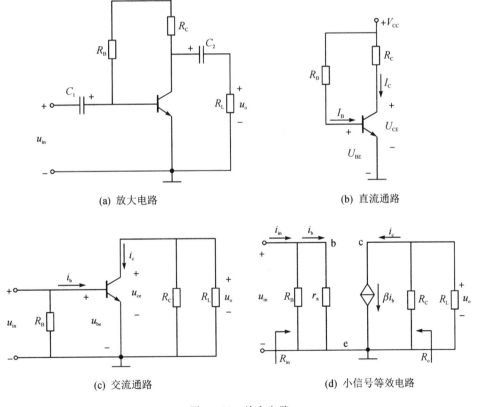

(a) 放大电路　　　　　　　　　　(b) 直流通路

(c) 交流通路　　　　　　　　　　(d) 小信号等效电路

图 5-16　放大电路

电压增益为负值,表示输出电压与输入电压反相。从上式看,若$(R_C /\!/ R_L)\beta/r_\pi$的值大于1,则电路就能起到放大电压的作用。

电路的输入电阻是从输入信号处看入电路的等效电阻,它等于输入电压u_{in}与输入电流i_{in}的比值,显然,输入电阻R_{in}为R_B和r_π的并联

$$R_{in} = \frac{u_{in}}{i_{in}} = R_B /\!/ r_\pi \qquad (5-18)$$

一般来说,$R_B \gg r_\pi$,则R_{in}近似为r_π。

电路的输出电阻是除去负载R_L后其二端电路的戴维南电阻,常用外施电源法求解,如图5-17所示。由于信号源置零,则受控电流源的电流为零,故输出电阻R_o为

$$R_o = R_C$$

读者可自行检验,负载R_L开路时的电压增益A_{oc}为

$$A_{oc} = -R_C \frac{\beta}{r_\pi}$$

则连接上负载R_L时的电压增益A为

$$A = \frac{R_L}{R_o + R_L} A_{oc} = -\frac{R_C R_L}{R_C + R_L} \frac{\beta}{r_\pi} \qquad (5-19)$$

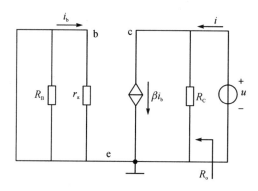

图5-17 晶体管放大电路的输出电阻

例5-1 电路如图5-18所示,设负载开路,电容C_1、C_2和C_E的取值足够大(C_E称为旁路电容),晶体管的$\beta = 120$。试求:(1)直流工作点处的I_C和U_{CE};(2)电压增益A、输入电阻R_{in}和输出电阻R_o。

解 (1)在直流工作点处,依据KVL,有

$$V_{CC} = R_B I_B + U_{BE} + R_E I_E$$

由于$I_E = (\beta + 1)I_B$,得晶体管的基极电流I_B和集电极电流I_C分别为

$$I_B = \frac{V_{CC} - U_{BE}}{R_B + (\beta + 1)R_E}$$

$$= \frac{12 \text{ V} - 0.7 \text{ V}}{470 \text{ k}\Omega + 121 \times 0.56 \text{ k}\Omega}$$

$$= 21 \text{ } \mu\text{A}$$

$$I_C = \beta I_B = 2.52 \text{ mA}$$

晶体管的集射电压 U_{CE} 为

$$U_{CE} = V_{CC} - R_C I_C - R_E I_E \approx V_{CC} - (R_C + R_E) I_C$$

$$= 12 \text{ V} - (2.2 \text{ k}\Omega + 0.56 \text{ k}\Omega) \times 2.52 \text{ mA}$$

$$= 5 \text{ V}$$

由于 $U_{CE} > U_{BE}$，晶体管的确工作在放大区。

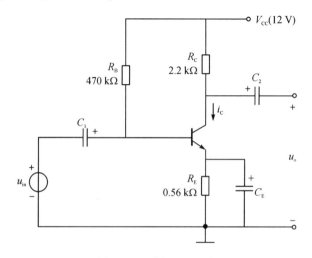

图 5 - 18　例 5 - 1 电路

（2）小信号等效电路如图 5 - 19 所示。注意：由于电容 C_E 的取值较大，在小信号等效电路中把它近似为短路，故而消除了电阻 R_E 对电压增益的影响。晶体管的输入电阻 r_π 为

$$r_\pi = \frac{U_T}{I_B} = \frac{26 \text{ mV}}{21 \text{ } \mu\text{A}} = 1.24 \text{ k}\Omega$$

由小信号等效电路

$$u_o = -R_C \beta i_b$$

$$u_{in} = r_\pi i_b$$

则电压增益

$$A = \frac{u_o}{u_{in}} = -R_C \frac{\beta}{r_\pi}$$

$$= -2.2 \text{ k}\Omega \times \frac{120}{1.24 \text{ k}\Omega}$$

$$=-213.4$$

输入电阻和输出电阻分别为

$$R_{\text{in}} = \frac{u_{\text{in}}}{i_{\text{in}}} = R_B \mathbin{/\mkern-5mu/} r_\pi \approx r_\pi = 1.24 \text{ k}\Omega$$

$$R_o = R_C = 2.2 \text{ k}\Omega$$

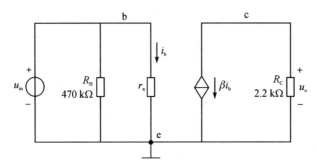

图 5 - 19　例 5 - 1 电路的小信号等效电路

例 5 - 2　电路如图 5 - 20 所示,若电阻 R_E 上没有并联电容,电路其他参数与例 5 - 1 中的一致。试求电压增益 A、输入电阻 R_{in} 和输出电阻 R_o。

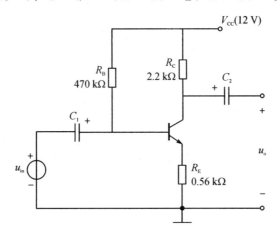

图 5 - 20　例 5 - 2 电路

解　直流工作点的分析见例 5 - 1。小信号等效电路如图 5 - 21 所示,其中 $r_\pi = 1.24 \text{ k}\Omega$。输出电压和输入电压分别为

$$u_o = -R_C \beta i_b$$

$$u_{\text{in}} = r_\pi i_b + R_E(\beta + 1)i_b$$

则电压增益

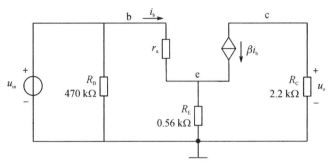

图 5 - 21　例 5 - 2 电路的小信号等效电路

$$A = \frac{u_o}{u_{in}} = \frac{-R_C\beta}{r_\pi + R_E(\beta+1)}$$

$$= \frac{-2.2\ \text{k}\Omega \times 120}{1.24\ \text{k}\Omega + 0.56\ \text{k}\Omega \times 121}$$

$$= -3.83$$

与例 5 - 1 对比可以看出:两个电路的工作点相同,而小信号电压增益差别很大,旁路电容 C_E 的存在使得小信号等效电路中发射极接地,电路的电压增益较大。

例 5 - 3　电路如图 5 - 22 所示,其中的静态基极电流由集电极电路分流得到。已知晶体管的 $\beta = 100$,试确定:(1)直流工作点处的 I_C 和 U_{CE};(2)计算电压增益 $A = u_o/u_s$;(3)计算输入电阻 R_{in}。

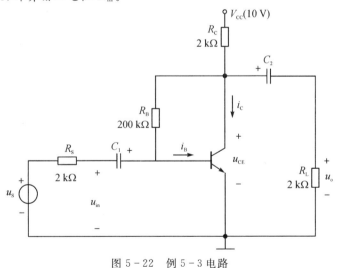

图 5 - 22　例 5 - 3 电路

解　(1)直流时,依据 KVL,有

$$V_{CC} = R_C(\beta+1)I_B + R_B I_B + U_{BE}$$

得

$$I_B = \frac{V_{CC} - U_{BE}}{R_C(\beta+1) + R_B}$$

$$= \frac{10\ \text{V} - 0.7\ \text{V}}{2\ \text{k}\Omega \times 101 + 200\ \text{k}\Omega}$$

$$= 23.1\ \mu\text{A}$$

$$I_C = \beta I_B = 2.31\ \text{mA}$$

晶体管的集射电压 U_{CE} 为

$$U_{CE} = V_{CC} - R_C(\beta+1)I_B$$

$$= 10\ \text{V} - 2\ \text{k}\Omega \times 101 \times 23.1\ \mu\text{A}$$

$$= 5.33\ \text{V}$$

(2)小信号等效电路如图 5-23 所示,其中

$$r_\pi = \frac{U_T}{I_B} = \frac{26\ \text{mV}}{23.1\ \mu\text{A}} = 1.126\ \text{k}\Omega$$

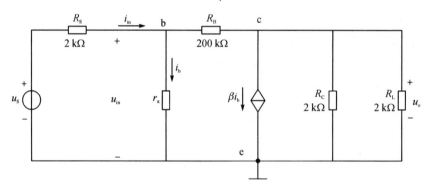

图 5-23　例 5-3 电路的小信号等效电路

以 u_{in} 和 u_o 为变量列写该电路的结点电压方程

$$\begin{cases} \dfrac{u_{in} - u_s}{R_s} + \dfrac{u_{in}}{r_\pi} + \dfrac{u_{in} - u_o}{R_B} = 0 \\[2mm] \dfrac{u_o - u_{in}}{R_B} + \dfrac{u_o}{R_C} + \dfrac{u_o}{R_L} + \dfrac{\beta}{r_\pi}u_{in} = 0 \end{cases}$$

$$\begin{cases} \left(\dfrac{1}{R_s} + \dfrac{1}{r_\pi} + \dfrac{1}{R_B} \right)u_{in} - \dfrac{1}{R_B}u_o = \dfrac{u_s}{R_s} \\[2mm] \left(-\dfrac{1}{R_B} + \dfrac{\beta}{r_\pi} \right)u_{in} + \left(\dfrac{1}{R_B} + \dfrac{1}{R_C} + \dfrac{1}{R_L} \right)u_o = 0 \end{cases}$$

代入元件值后有

$$\begin{cases} 1.393u_{in} - 0.005u_o = 0.5u_s \\ 88.805u_{in} + 1.005u_o = 0 \end{cases}$$

求得

$$u_{in} = 0.27u_s, u_o = -24.08u_s$$

则电压增益

$$A = \frac{u_o}{u_s} = -24.08$$

（3）由于

$$i_{in} = \frac{u_s - u_{in}}{R_s} = \frac{2.7}{R_s}u_{in}$$

则输入电阻

$$R_{in} = \frac{u_{in}}{i_{in}} = \frac{R_s}{2.7} = 0.74 \text{ k}\Omega$$

5.4　工作点的稳定

晶体管的 β 值对温度敏感，上节中给出的直流偏置电路，当 β 值有变化时，将导致直流工作点处的集电极电流 I_C 发生变化，由式(5-17)，电路的电压增益也将发生变化。

图 5-24 所示电路在晶体管的发射极增加了一个电阻 R_E，利用电阻 R_{B1} 和 R_{B2} 的分压为基极设定近似不变的结点电压。当环境温度上升时，晶体管参数 I_{CEO} 和 β 会增大，随之导致 I_C 和 I_E 增大，发射极电压 U_E 增大，由于基极电压 U_B 几乎不变，则晶体管的基射电压 U_{BE} 会变小，它使 I_C 减小，使其接近于原来的值，则该电路中 β 对晶体管 I_C 和 U_{CE} 的影响较小，电阻 R_E 在一定程度上起稳定晶体管工作点的作用。

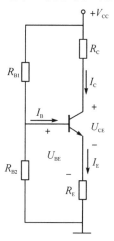

图 5-24　工作点稳定的偏置电路

把图 5-24 中的直流源 V_{CC} 拆分为两个，如图 5-25(a)所示，这样做并不影响晶体管的电压和电流。运用戴维南定理对基极以左部分进行等效，电路如图 5-25(b)所示，其中

$$U_{BB} = \frac{R_{B2}}{R_{B1}+R_{B2}}V_{CC} \qquad (5-20)$$

$$R_B = R_{B1} \ /\!/ \ R_{B2} \qquad (5-21)$$

图 5-25(b)中，对 b-e 端所在回路应用 KVL，有

$$U_{BB} = R_B I_B + U_{BE} + R_E(\beta+1)I_B$$

$$I_B = \frac{U_{BB}-U_{BE}}{R_B+R_E(\beta+1)}$$

得晶体管集电极电流 I_C 为

$$I_C = \beta I_B = \frac{U_{BB}-U_{BE}}{R_E+\dfrac{R_B+R_E}{\beta}} \qquad (5-22)$$

上式表明，若使 $R_B \ll \beta R_E$（或 $R_B < 0.1\beta R_E$），则集电极电流 I_C 受 β 值的影响就很小，故而工作点相对稳定。一般来说，$R_{B2} < R_{B1}$，也近似按 $R_{B2} < 0.1\beta R_E$ 取值。

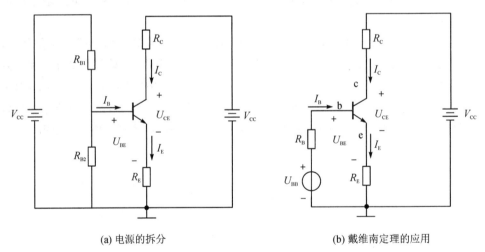

(a) 电源的拆分　　　　　　　　(b) 戴维南定理的应用

图 5-25　图 5-24 所示电路的等效

对图 5-25(b)中 c-e 端所在回路应用 KVL，得

$$U_{CE} = V_{CC} - R_C I_C - R_E I_E \approx V_{CC} - (R_C+R_E)I_C$$

在设计图 5-24 电路时，若 V_{CC} 和 I_C 给定，考虑输出电压的动态范围，一般取集射电压 U_{CE} 大致为 $V_{CC}/2$，电阻 R_E 和 R_C 上的电压分别为 $V_{CC}/4$，依此可定出 R_E 和 R_C。电阻 R_{B1} 和 R_{B2} 一方面希望取值比较大，以减小其功耗，另一方面，要满足工作点稳定的要求，按 $R_{B2} < 0.1\beta R_E$ 取 R_{B2}，再利用分压关系定出 R_{B1} 的值。

给工作点稳定的直流偏置电路按共射方式连接输入信号和负载,并给射极电阻 R_E 并联电容值较大的旁路电容 C_E,电路如图 5-26(a)所示。

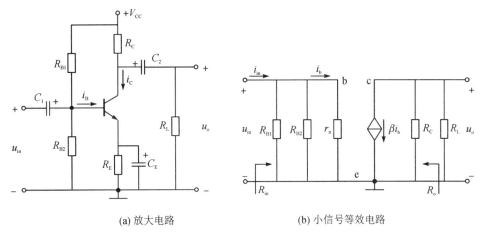

(a) 放大电路　　　　　　　　　　　(b) 小信号等效电路

图 5-26　共射晶体管放大电路

图 5-26(a)所示电路的小信号等效电路如图 5-26(b)所示,得

$$u_o = -(R_C \mathbin{/\mkern-5mu/} R_L)\beta i_b$$

$$u_{in} = r_\pi i_b$$

则电压增益为

$$A = \frac{u_o}{u_{in}} = -(R_C \mathbin{/\mkern-5mu/} R_L)\frac{\beta}{r_\pi} \tag{5-23}$$

输入电阻 R_{in} 是 R_B 和 r_π 的并联

$$R_{in} = R_B \mathbin{/\mkern-5mu/} r_\pi$$

根据输出电阻 R_o 的定义求得

$$R_o = R_C$$

例 5-4　电路如图 5-27 所示,已知晶体管的 $\beta = 100$。试估算:

(1)直流工作点处的 I_C 和 U_{CE};

(2)输入电阻 R_{in}、输出电阻 R_o 和电压增益 $A = u_o/u_s$。

解　(1)图 5-27 所示电路的直流通路如图 5-24 所示,其等效电路如图 5-25(b)所示,其中

$$U_{BB} = \frac{R_{B2}}{R_{B1} + R_{B2}}V_{CC} = \frac{10\ \text{k}\Omega}{30\ \text{k}\Omega + 10\ \text{k}\Omega} \times 12\ \text{V} = 3\ \text{V}$$

$$R_B = R_{B1} \mathbin{/\mkern-5mu/} R_{B2} = 30\ \text{k}\Omega \mathbin{/\mkern-5mu/} 10\ \text{k}\Omega = 7.5\ \text{k}\Omega$$

基极电流和集电极电流分别为

$$I_{\mathrm{B}} = \frac{U_{\mathrm{BB}} - U_{\mathrm{BE}}}{R_{\mathrm{B}} + R_{\mathrm{E}}(\beta + 1)}$$

$$= \frac{3\,\mathrm{V} - 0.7\,\mathrm{V}}{7.5\,\mathrm{k\Omega} + 2\,\mathrm{k\Omega} \times 101}$$

$$\approx 11\,\mu\mathrm{A}$$

$$I_{\mathrm{C}} = \beta I_{\mathrm{B}} = 1.1\,\mathrm{mA}$$

集射电压 U_{CE} 为

$$U_{\mathrm{CE}} \approx V_{\mathrm{CC}} - (R_{\mathrm{C}} + R_{\mathrm{E}})I_{\mathrm{C}}$$

$$= 12\,\mathrm{V} - (3 + 2)\,\mathrm{k\Omega} \times 1.1\,\mathrm{mA}$$

$$= 6.5\,\mathrm{V}$$

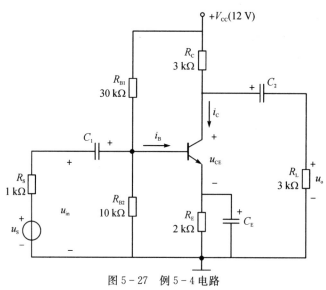

图 5-27　例 5-4 电路

(2)小信号等效电路如图 5-28 所示,其中

$$r_{\pi} = \frac{U_{\mathrm{T}}}{I_{\mathrm{B}}} = \frac{26\,\mathrm{mV}}{11\,\mu\mathrm{A}} = 2.36\,\mathrm{k\Omega}$$

输入电阻 R_{in} 和输出电阻 R_{o} 分别为

$$R_{\mathrm{in}} = R_{\mathrm{B}} \mathbin{/\mkern-5mu/} r_{\pi}$$

$$= 7.5\,\mathrm{k\Omega} \mathbin{/\mkern-5mu/} 2.36\,\mathrm{k\Omega}$$

$$\approx 1.8\,\mathrm{k\Omega}$$

$$R_{\mathrm{o}} = R_{\mathrm{C}} = 3\,\mathrm{k\Omega}$$

由图 5-28 可知, u_{s} 和 u_{in} 的关系式为

$$u_{\mathrm{in}} = \frac{R_{\mathrm{in}}}{R_{\mathrm{in}} + R_{\mathrm{s}}} u_{\mathrm{s}}$$

输出电压为

$$u_o = -(R_C \mathbin{/\mkern-6mu/} R_L)\beta \frac{1}{r_\pi} u_{in}$$

$$= -1.5 \times \frac{100}{2.36} u_{in}$$

$$= -63.56 u_{in}$$

则电压增益为

$$A = \frac{u_o}{u_s} = \frac{u_o}{u_{in}} \cdot \frac{u_{in}}{u_s}$$

$$= -63.56 \times \frac{1.8}{1.8+1}$$

$$= -41.02$$

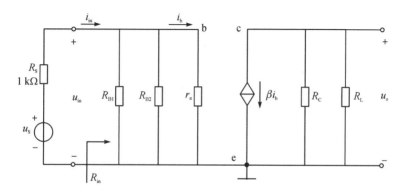

图 5-28 例 5-4 电路的小信号等效电路

5.5 共集和共基放大电路

在交流通路中,若输入信号接入基极,输出电压取发射电极,如图 5-29(a)所示,称其为共集放大电路。该电路中,集电极上没有必要接入电阻,直接连接直流源。直流通路如图 5-29(b)所示,依据 KVL,有

$$V_{CC} = R_B I_B + U_{BE} + R_E(\beta+1)I_B$$

则

$$I_B = \frac{V_{CC} - U_{BE}}{R_B + R_E(\beta+1)}$$

$$I_C = \beta I_B$$

$$U_{CE} = V_{CC} - R_E I_E$$

小信号等效电路如图 5-30(a)所示,应用 KVL,有

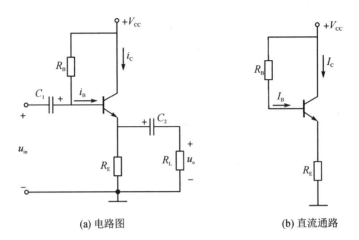

(a) 电路图　　　　　　　　　　　　　(b) 直流通路

图 5 - 29　共集放大电路

$$u_{\text{o}} = (R_{\text{E}} \mathbin{/\!/} R_{\text{L}})(\beta+1)i_{\text{b}}$$

$$u_{\text{in}} = r_{\pi}i_{\text{b}} + (R_{\text{E}} \mathbin{/\!/} R_{\text{L}})(\beta+1)i_{\text{b}}$$

则电压增益为

$$A = \frac{u_{\text{o}}}{u_{\text{in}}} = \frac{(R_{\text{E}} \mathbin{/\!/} R_{\text{L}})(\beta+1)}{r_{\pi} + (R_{\text{E}} \mathbin{/\!/} R_{\text{L}})(\beta+1)} \tag{5-24}$$

一般情况下,$(R_{\text{E}} \mathbin{/\!/} R_{\text{L}})(\beta+1) \gg r_{\pi}$,所以电压增益 A 接近于 1,且输出电压与输入电压同相,输出电压总是"跟随"输入电压,故而把该电路也称为射极电压跟随器。

　　电路的输入电阻 R_{in} 可以看作是电阻 R_{B} 和 R'_{in} 的并联,R'_{in} 为

$$R'_{\text{in}} = \frac{u_{\text{in}}}{i_{\text{b}}} = r_{\pi} + (R_{\text{E}} \mathbin{/\!/} R_{\text{L}})(\beta+1)$$

所以,输入电阻 R_{in} 为

$$R_{\text{in}} = R_{\text{B}} \mathbin{/\!/} R'_{\text{in}} = R_{\text{B}} \mathbin{/\!/} \left[r_{\pi} + (R_{\text{E}} \mathbin{/\!/} R_{\text{L}})(\beta+1) \right] \tag{5-25}$$

由于发射极上电阻$(R_{\text{E}} \mathbin{/\!/} R_{\text{L}})$等效到基极时是其$(\beta+1)$倍,因此共集放大电路的输入电阻要比共射放大电路的输入电阻大。

　　求输出电阻 R_{o} 的电路如图 5 - 30(b)所示,把输入电压置零后,电阻 R_{B} 被短路,电压 $u_{\text{be}} = -u$,对结点 e 应用 KCL,有

$$i = \frac{u}{R_{\text{E}}} + \frac{u}{r_{\pi}} + \beta\frac{u}{r_{\pi}}$$

则输出电阻

$$R_{\text{o}} = \frac{u}{i} = R_{\text{E}} \mathbin{/\!/} \frac{r_{\pi}}{\beta+1} \tag{5-26}$$

通常,R_{E} 和 r_{π} 均较小,所以 R_{o} 可小到几十欧。

　　若输入信号接入发射极,输出取自集电极电压,如图 5 - 31 所示,称该电路为

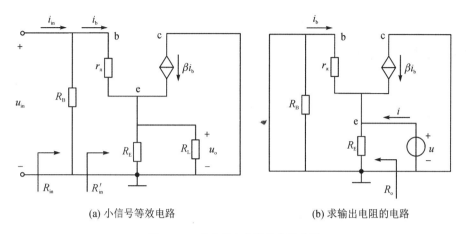

(a) 小信号等效电路　　　　　　　　　(b) 求输出电阻的电路

图 5 - 30　共集放大电路的交流分析

共基放大电路。其中，为使交流通路中基极接地，电路中在基极与地间连接一电容 C_B。

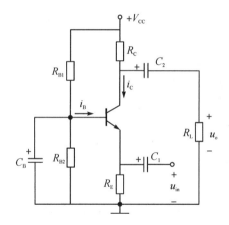

图 5 - 31　共基电极放大电路

图 5 - 31 所示电路工作点的分析前面已介绍，此处不再赘述。小信号等效如图 5 - 32所示，其中晶体管的基极接地，电阻 R_{B2} 被短路。从电路得

$$u_o = -(R_C /\!/ R_L)\beta i_b$$

$$u_{in} = -r_\pi i_b$$

则电压增益为

$$A = \frac{u_o}{u_{in}} = (R_C /\!/ R_L)\frac{\beta}{r_\pi} \tag{5-27}$$

输入电阻 R_{in} 求解如下，对结点 e 应用 KCL，有

$$i_{\text{in}} = \frac{u_{\text{in}}}{R_{\text{E}}} + \frac{u_{\text{in}}}{r_\pi} + \frac{\beta u_{\text{in}}}{r_\pi}$$

则输入电阻 R_{in} 为

$$R_{\text{in}} = \frac{u_{\text{in}}}{i_{\text{in}}} = R_{\text{E}} \mathbin{/\mkern-5mu/} \frac{r_\pi}{\beta + 1} \tag{5-28}$$

把输入信号置零求解输出电阻,这时受控电流源的电流为零,故

$$R_{\text{o}} = R_{\text{C}}$$

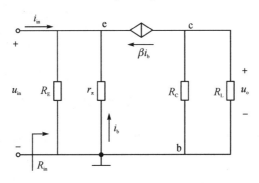

图 5-32　共基电极放大电路的小信号等效电路

在以上介绍的三种基本放大电路中,共射放大电路最为常用,它的输入电压与输出电压反相,既有电压放大作用又有电流放大作用,常用作低频电压放大。

共集放大电路增益几乎为 1,输入电阻大,输出电阻小,可用于多级放大电路的输入级或输出级,也用于中间级作电阻匹配用。

共基放大电路的电压增益与共射放大电路的相差一个负号,输出电压与输入电压同相,它的输入电阻小,但高频性能较好,常用于高频电压放大。

5.6　PNP 型晶体管

前文重点介绍了 NPN 型晶体管的直流偏置和小信号分析,实际电路中 PNP 型晶体管也很常用。在双电源(正负电源)供电电路中,PNP 管和 NPN 管作为互补器件使用,如 2N3906(PNP 型)是 2N3904(NPN 型)的互补晶体管,它们的特性参数的绝对值相同,所有的电流和电压的极性相反。

PNP 型晶体管工作在放大区时,发射结正偏而集电结反偏,即 $U_{\text{CE}} < U_{\text{BE}} < 0$,发射区多数载流子空穴注入基区,其中的大部分漂移到集电极。若 b 端和 c 端电流的参考方向指向晶体管,如图 5-33(a)所示,则它们均为负值,即 c 端和 b 端中电流的真实方向均流出晶体管。若将图 5-13 所示中的供电端的正电压改成负电压,NPN 管换成 PNP 管,如图 5-33(b)所示,该电路是 PNP 型管子的共射放大电

路。注意：与 NPN 型管子的放大电路不同，电解电容的极性要发生改变。

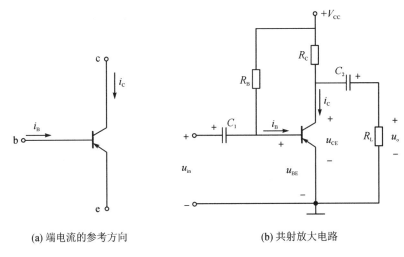

(a) 端电流的参考方向　　　　　　(b) 共射放大电路

图 5 - 33　PNP 型晶体管的共射放大电路

PNP 型晶体管的端特性也可以用 I_B、I_C、U_{BE} 和 U_{CE} 描述。图 5 - 34 为 PNP 型晶体管的输入特性曲线，在 c - e 端电压 U_{CE} 一定时，基极电流 I_B 与 b - e 端电压 U_{BE} 的关系可表示为

$$I_B = f_1(U_{BE}) \mid_{U_{CE}=C}$$

其中，U_{BE} 和 U_{CE} 均为负值。

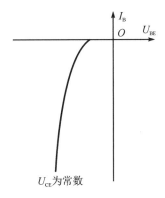

图 5 - 34　PNP 型晶体管的输入特性

当 I_B 取不同定值时，I_C 与 U_{CE} 间的函数关系

$$I_C = f_2(U_{CE}) \mid_{I_B=C}$$

为 PNP 型晶体管共射接法的输出特性，如图 5 - 35 所示，U_{CE} 为负值。

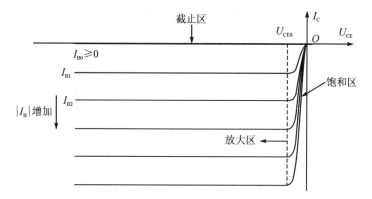

图 5 - 35　PNP 型晶体管的输出特性

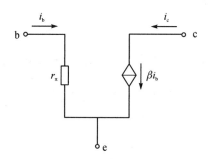

图 5 - 36　PNP 型晶体管的小信号模型

　　PNP 型晶体管的小信号模型与 NPN 型晶体管的完全一致,如图 5 - 36 所示,电阻 r_π 的计算公式为

$$r_\pi = \frac{U_T}{|I_B|}$$

　　例 5 - 5　电路如图 5 - 37 所示,已知晶体管的 $\beta = 120$,$U_{BE} = -0.7$ V。试求:
(1)直流工作点处的 I_C 和 U_{CE};(2)计算电压增益 A。

　　解　(1)对直流通路依据 KVL,有

$$-V_{CC} = R_B I_B + R_E(\beta + 1)I_B + U_{BE}$$

得

$$I_B = \frac{-V_{CC} - U_{BE}}{R_B + R_E(\beta + 1)}$$

$$= \frac{-12 \text{ V} + 0.7 \text{ V}}{470 \text{ k}\Omega + 0.56 \text{ k}\Omega \times 121}$$

$$= -21 \text{ }\mu\text{A}$$

$$I_C = \beta I_B = -2.52 \text{ mA}$$

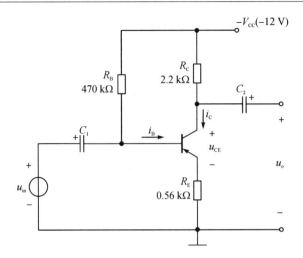

图 5-37　PNP 管的共射放大电路

晶体管的集射电压 U_{CE} 为

$$U_{CE} = -V_{CC} - R_C I_C - R_E I_E$$
$$\approx -V_{CC} - (R_C + R_E) I_C$$
$$= -12\ \text{V} + (2.2\ \text{k}\Omega + 0.56\ \text{k}\Omega) \times 2.52\ \text{mA}$$
$$= -5\ \text{V}$$

(2)小信号等效电路如图 5-38 所示,其中

$$r_\pi = \frac{U_T}{|I_B|} = 1.24\ \text{k}\Omega$$

该小信号等效电路与 NPN 管的相同,由例 5-2 可知,电压增益

$$A = -3.83$$

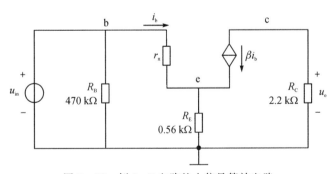

图 5-38　例 5-5 电路的小信号等效电路

习题 5

5-1　有两只晶体管,一只晶体管 $\beta_1 = 180$,$I_{CEO1} = 300\ \mu\text{A}$;另一只晶体管

$\beta_2 = 60, I_{CEO2} = 15~\mu A$,其他参数大致相同。当晶体管用于放大信号时,应该选取哪一只?为什么?

5-2 有四只看不清型号的晶体管,在放大电路中都可以正常工作。现测得四只晶体管对"地"的电压如题 5-2 图所示。试判断各管的类型(锗管还是硅管,NPN 型还是 PNP 型)以及三个管脚各是什么电极。

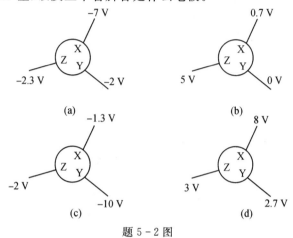

题 5-2 图

5-3 各晶体管管脚的电位如题 5-3 图所示,试问这些晶体管处于放大、饱和、截止中的哪一种状态?

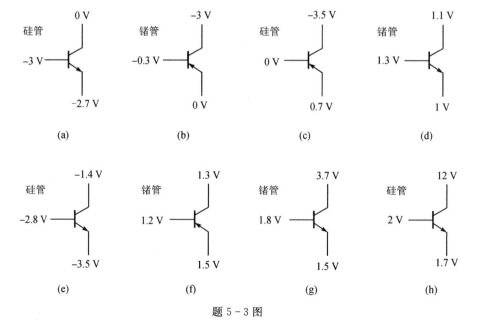

题 5-3 图

5-4 题 5-4 图所示电路中,当开关 S 闭合还是断开时 I_C 的值较大? 哪个位置时晶体管的耐压高? 为什么?

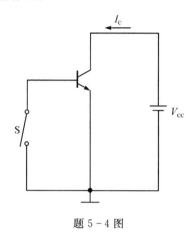

题 5-4 图

5-5 题 5-5 图所示共射放大电路,已知硅晶体管的 $\beta=100$,电容 C_1 和 C_2 的值均足够大。

(1)试求静态时的 I_C 和 U_{CE} 的值;

(2)画出电路的小信号等效电路,并求出 r_π 的值;

(3)计算电压增益 A,输入电阻 R_{in} 和输出电阻 R_o 的值。

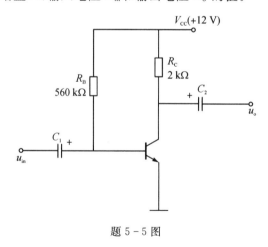

题 5-5 图

5-6 已知题 5-6 图所示电路中晶体管的 $\beta=100$,电容 C_1 和 C_2 的值均足够大。

(1)测得 $U_{CE}=6$ V,估算 R_B 的值;

(2)若晶体管饱和压降 $U_{CES}=0.6$ V,试问当负载电阻 $R_L=\infty$ 和 $R_L=3$ kΩ 时电路的最大不失真输出电压各为多少?

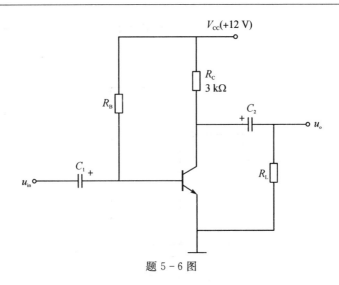

题 5 - 6 图

5-7　电路如题 5-7 图所示, $\beta = 60$, 耦合电容和旁路电容的值均足够大。
试求：

(1)静态时的 I_C 和 U_{CE} 的值；

(2)电压增益 u_o/u_{in} 和 u_o/u_s；

(3)输入电阻 R_{in} 和输出电阻 R_o。

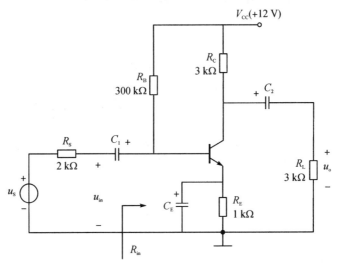

题 5 - 7 图

5-8　电路如题 5-8 图所示, 已知晶体管的 $\beta = 200$, C_1、C_2 的值均足够大。计算：

(1)直流工作点处的 I_C 和 U_{CE}；

（2）电压增益 A；

（3）输入电阻 R_{in} 和输出电阻 R_o。

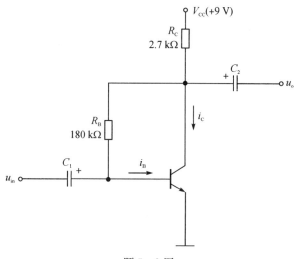

题 5 - 8 图

5 - 9　电路如题 5 - 9 图所示，试分析以下问题：

（1）如果晶体管的 β 增大，电路其他参数不变，放大电路的电压增益和输入电阻如何变化？（增大、减小、基本不变、无法确定）

（2）如果发射极电阻 R_E 增大，电路其他参数不变，放大电路的电压增益和输入电阻如何变化？（增大、减小、基本不变、无法确定）

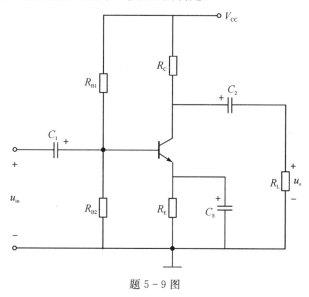

题 5 - 9 图

5-10　电路如题 5-10 图所示,其中晶体管的 $\beta=100$,$U_{BE}=0.7\ \text{V}$,电容 C_1、C_2、C_E 的值均足够大,晶体管饱和压降 $U_{CES}=0.5\ \text{V}$。

(1)估算直流工作点处的 I_C 和 U_{CE};

(2)计算电压增益 A,输入电阻 R_{in} 和输出电阻 R_o;

(3)若输出电压 u_o 发生底部失真,此时应增大还是减小电阻 R_{B1} 使之消除?

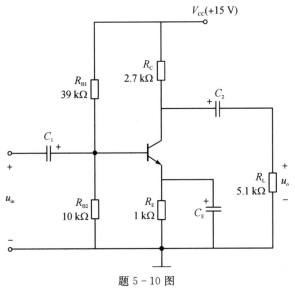

题 5-10 图

5-11　电路如题 5-11 图所示,已知晶体管的 $\beta=60$。试求:

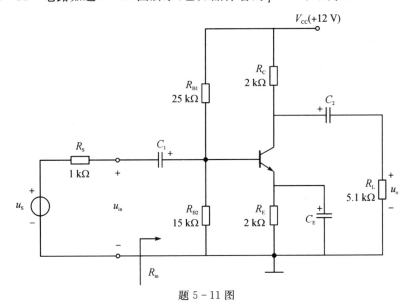

题 5-11 图

(1)直流工作点处的 I_C 和 U_{CE};

(2)输入电阻 R_{in}、输出电阻 R_o;

(3)电压增益 $A = u_o/u_s$。

5-12　题 5-12 图所示为双电源发射极偏置(TSEB)放大电路,该电路的基极电流很小,可以忽略不计,已知晶体管的 $\beta = 100$,C_1、C_2 的值均足够大。试求:

(1)直流工作点处的 I_C 和 U_{CE};

(2)电压增益 A,输入电阻 R_{in} 和输出电阻 R_o。

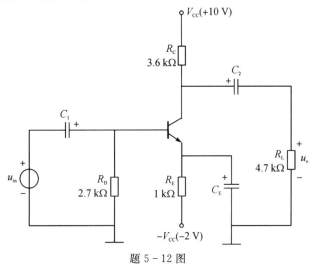

题 5-12 图

5-13　题 5-13 图所示共集放大电路,其中晶体管的 $\beta = 80$,C_1、C_2 的值均足够大。试求:

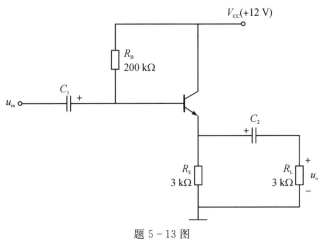

题 5-13 图

(1)直流工作点处的 I_C 和 U_{CE};

(2)电压增益 A,输入电阻 R_{in} 和输出电阻 R_o。

5 - 14　题5 - 14图所示共基放大电路,已知 $\beta = 100$,C_1、C_2、C_3 的值均足够大。试求电压增益 A,输入电阻 R_{in} 和输出电阻 R_o。

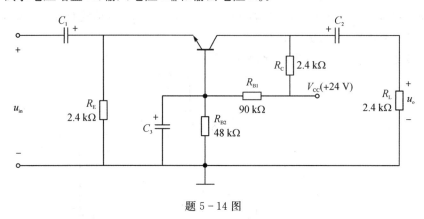

题5 - 14图

5 - 15　电路如题5 - 15图所示,已知 $\beta = 100$,$U_{BE} = -0.2\ V$,C_1、C_2 的值均足够大。

(1)计算直流工作点处的集电极电流 I_C 和集射电压 U_{CE};

(2)R_B 和 R_E 保持图示数值不变,求使晶体管处于饱和状态(饱和压降范围为 $-U_{CES} \leqslant 0.5\ V$)所需的 R_C 的最小值。

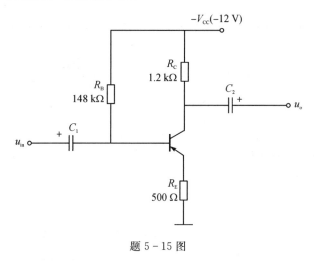

题5 - 15图

第6章 场效应晶体管

场效应管是一种利用电场效应来控制电流的器件,可分为两大类:结型场效应管(junction field effect transistor,JFET)和金属氧化物半导体场效应管(metal oxide semiconductor field effect transistor,MOSFET),后者也称为绝缘栅场效应管(isolated gate field effect transistor,IGFET)。

场效应管概念的提出早于双极性晶体管,但直到 1952 年,结型场效应管才被制造出来。1960 年江大原(Dawon Kahng)和马丁·阿塔拉(Martin Atalla)发明了绝缘栅场效应管;1967 年江大原与施敏(Simon Sze)发明了浮栅(floating gate)MOSFET。场效应管的出现,对电子行业的发展意义深远。场效应管常用作电子开关、可变电阻,也可以组成放大电路、恒流源等电路;浮栅 MOSFET 更是所有闪存(flash memory)、带电可擦可编程只读存储器(EEPROM)和可擦可编程只读存储器(EPROM)的基础。

与双极性晶体管不同,场效应管是电压控制型器件,输入电阻很大。参与导电的是多数载流子,因此它受温度的影响较小。场效应管还具有噪声低、抗辐射、功耗低、易集成等特点。

6.1 绝缘栅场效应管

绝缘栅场效应管是一种电压控制型的四端器件,其导电沟道中,载流子是电子的称为 N 沟道 MOS 管(以下简称 NMOS 管),载流子是空穴的称为 P 沟道 MOS 管(以下简称 PMOS 管)。

6.1.1 场效应管的端特性

图 6-1 所示为 NMOS 管的结构示意图。它以 P 型半导体为衬底,在衬底上面左右两边各制作一个高掺杂的 N 区,然后,在两个 N 区之间的衬底表面制作一层很薄的 SiO_2 绝缘层,在它们表面喷上金属铝或多晶硅,源极 s(source)和漏极 d(drain)从 N 区引出,栅极 g(gate)极板覆盖 SiO_2 绝缘层。分立器件的衬底端 b(body,base,bulk)通常与源极相连。

MOS 管栅极与衬底间用很薄的 SiO_2 绝缘层隔开,类似于平行板电容,静态时的栅极电流几乎为零,可小于 1 pA。

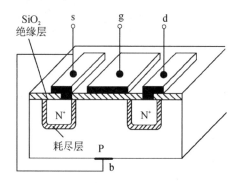

图 6-1　NMOS 管的结构示意图

1. 开启电压

若漏极与源极间外加电压,在栅源电压 $U_{GS}=0$ 时,由于两个 N 区之间用 P 型衬底隔开,其中的一个耗尽层反向偏置,故而漏极几乎没有电流。

当 U_{GS} 足够大时,根据电容器原理,在电场作用下,栅极极板上聚集一定的正电荷,而在紧靠 SiO_2 绝缘介质的衬底表面要吸引来自衬底的电子,当电子数量足够多时就会形成一个连通源极和漏极的 N 型层。这种在 P 型衬底中形成的 N 型层(或在 N 型衬底中形成的 P 型层)称为反转层。反转层在源极和漏极间建立了电子流动的通道,称为导电沟道。这时,若电压 $U_{DS}>0$,沟道中的电子向漏极流动,在漏极形成电流,则电流的真实方向指向场效应管。

设在 $U_{GS}>U_T$ 时在源极端有足够多的电子形成导电沟道,U_T 称为阈值电压 (threshold voltage),或开启电压,晶体管数据手册中用 $U_{GS(th)}$ 表示。若 U_{GS} 继续增加,则导电沟道加厚,导电性提高。

在栅极电场作用下,衬底中的空穴向下移动,故而在其后方产生耗尽层,它使导电沟道与衬底之间绝缘,如图 6-2(a)所示。

2. 输出特性

栅源电压 U_{GS} 恒定时漏极电流 I_D 随漏源电压 U_{DS} 变化的关系称为输出特性,以下均假设 I_D 的参考方向指向管子。

当 $U_{GS}<U_T$ 时,导电沟道尚未形成,漏极电流 $I_D\approx0$,管子工作在截止区。

当 $U_{GS}>U_T$ 时,若漏极电位高于源极电位,沟道中的电子就会向漏极方向流动,形成漏极电流 I_D,且 $I_D>0$。U_{DS} 较小时,沟道近似于线性电阻,I_D 正比于 U_{DS}。由于 U_{DS} 使沟道各处电位并不相等,所以各处沟道的厚度并不一样,沟道呈楔形,靠近漏极附近最窄。随 U_{DS} 增大，I_D 的增长趋势变缓，当 U_{DS} 增大到 $U_{GD}=U_{GS}-U_{DS}=U_T$ 时，在漏极附近沟道出现预夹断，如图 6-2(b) 所示，这时漏极电流达到饱和。如果继续增大 U_{DS}，使得 $U_{GS}-U_{DS}<U_T$，即 $U_{DS}>U_{GS}-U_T$，则夹断点朝源极端移动，此时 U_{DS} 对漏极电流 I_D 影响不大。

NMOS 管的输出特性如图 6-3(a) 所示，在 $U_{DS}<U_{GS}-U_T$ 时导电沟道尚未夹断，管子相当于一个压控电阻，称该部分为可变电阻区；在 $U_{DS}>U_{GS}-U_T$ 时导电沟道存在夹断点，漏极电流几乎不随 U_{DS} 变化，称该部分为放大区，也称恒流区或饱和区。

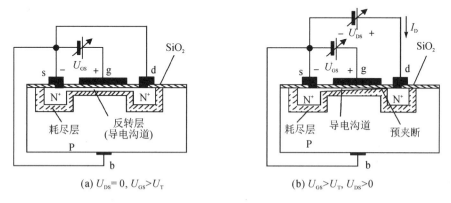

(a) $U_{DS}=0, U_{GS}>U_T$　　　　(b) $U_{GS}>U_T, U_{DS}>0$

图 6-2　NMOS 管的工作原理

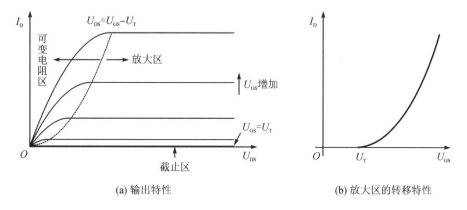

(a) 输出特性　　　　(b) 放大区的转移特性

图 6-3　NMOS 管的端特性

3. 转移特性

以漏源电压 U_{DS} 为参量，漏极电流 I_D 随栅源电压 U_{GS} 变化的关系称为转移特性。从输出特性曲线可作出转移特性曲线，放大区的转移特性如图 6-3(b) 所示。理论推导给出，放大区 I_D 和 U_{GS} 具有平方律关系：

$$I_{\mathrm{D}} = \frac{k}{2}(U_{\mathrm{GS}} - U_{\mathrm{T}})^2 \tag{6-1}$$

其中:k 称为跨导参数,单位 $\mathrm{A/V^2}$,它与沟道宽度 W 成正比,而与沟道长度 L 成反比,$k = k'W/L$,当 W 和 L 相等时 $k = k'$。

例 6-1 某一 N 沟道增强型场效应管的 $U_{\mathrm{T}} = 2\ \mathrm{V}$,已知当 $U_{\mathrm{GS}} = 2U_{\mathrm{T}}$ 时,$I_{\mathrm{D}} = 1\ \mathrm{mA}$。试求其跨导参数 k。

解 根据式(6-1),当 $U_{\mathrm{GS}} = 2U_{\mathrm{T}}$ 时

$$k = \frac{2I_{\mathrm{D}}}{(U_{\mathrm{GS}} - U_{\mathrm{T}})^2} = \frac{2I_{\mathrm{D}}}{U_{\mathrm{T}}^2} = \frac{1}{2}\ \mathrm{mA/V^2}$$

PMOS 管的结构如图 6-4 所示,它以 N 型半导体为衬底,在衬底上面左右两边制成两个高掺杂的 $\mathrm{P^+}$ 区,分别引出源极 s 和漏极 d。由其结构,只有当 $U_{\mathrm{GS}} < U_{\mathrm{T}} < 0$ 时才能形成 P 沟道,其工作原理与 N 沟道的类同。注意:PMOS 管的阈值电压 U_{T} 为负值。若取漏极电流 I_{D} 的参考方向指向管子,则 $I_{\mathrm{D}} < 0$。PMOS 管的端特性如图 6-5 所示,它工作在放大区的条件是:$U_{\mathrm{GS}} < U_{\mathrm{T}}$、$U_{\mathrm{DS}} < U_{\mathrm{GS}} - U_{\mathrm{T}}$,或 $|U_{\mathrm{GS}}| > |U_{\mathrm{T}}|$、$|U_{\mathrm{DS}}| > |U_{\mathrm{GS}} - U_{\mathrm{T}}|$。若把式(6-1)中的电流和电压均添加上负号,可得 PMOS 管漏极电流的表达式。

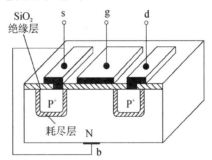

图 6-4 PMOS 管的结构示意图

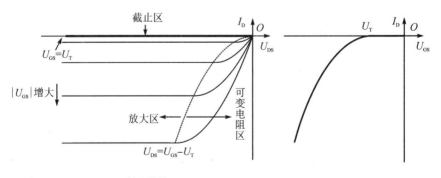

(a) 输出特性

(b) 放大区的转移特性

图 6-5 PMOS 管的端特性

绝缘栅场效应管的图形符号如图 6-6 所示,其中图 6-6(a)为 NMOS 管,图 6-6(b)为 PMOS 管,箭头隐含 PN 结的正偏方向。

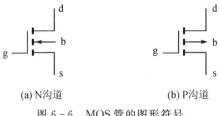

(a) N沟道　　　　　　　(b) P沟道

图 6-6　MOS 管的图形符号

以上介绍的 MOS 管在栅源电压为零时不存在导电沟道,为"常断"模式,称为增强型 MOS 管,若 MOS 管在栅源电压为零时已经存在导电沟道,为"常闭"模式,称为耗尽型 MOS 管。

在制造 NMOS 管时,若通过离子注入工艺,在绝缘层注入一些正离子,则这些正离子就会吸引衬底中的电子,在 $U_{GS}=0$ 时已经存在导电沟道。若要使沟道消失,U_{GS} 必须为负值,设 U_{GS} 负向增大,直至 $U_{GS}=U_T$ 时沟道消失,把 U_T 也称为夹断电压。耗尽型 NMOS 管的阈值电压 U_T 为负,特性曲线如图 6-7 所示,放大区漏极电流的表达式仍如式(6-1)所示。图 6-7 中的 I_{DSS} 为 $U_{GS}=0$ 时的漏极电流。

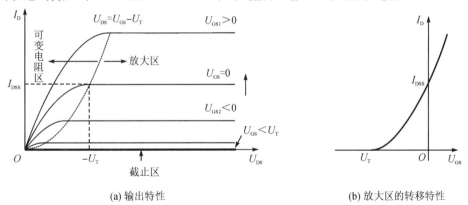

(a) 输出特性　　　　　　　(b) 放大区的转移特性

图 6-7　耗尽型 NMOS 管的端特性

耗尽型 PMOS 管很少见,此处从略。耗尽型 MOS 管的图形符号如图 6-8 所示。

(a) N沟道　　　　　　　(b) P沟道

图 6-8　耗尽型 MOS 管的图形符号

6.1.2　场效应管的小信号模型

场效应管的栅极电流近似为零,在放大区,漏极电流受栅源电压控制,即场效应管是电压控制的电流源。设漏极电流

$$I_D = f(U_{GS}, U_{DS}) \tag{6-2}$$

对式(6-2)在工作点处取全微分,得

$$dI_D = \frac{\partial I_D}{\partial U_{GS}}dU_{GS} + \frac{\partial I_D}{\partial U_{DS}}dU_{DS} \tag{6-3}$$

按符号使用习惯,用 i_d、u_{gs} 和 u_{ds} 分别表示 dI_D、dU_{GS} 和 dU_{DS},上式为

$$i_d = g_m u_{gs} + \frac{1}{r_{ds}}u_{ds} \tag{6-4}$$

其中 g_m 称为跨导,单位 S。由式(6-1)可得

$$g_m = \frac{\partial I_D}{\partial U_{GS}} = \frac{2I_D}{U_{GS} - U_T} \tag{6-5}$$

可见,I_D 越大,g_m 也就越大。相对于双极性晶体管,场效应管的小信号跨导较小,故而放大电路的电压增益较低。

由式(6-4)可构建出场效应管的低频小信号等效电路,如图 6-9 所示。r_{ds} 称为场效应管的输出电阻。为简单起见,以下忽略 r_{ds} 的存在。

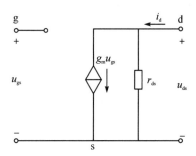

图 6-9　场效应管的小信号模型

6.2　场效应管放大电路

用于放大信号的场效应管必须工作在放大区,对 NMOS 管,工作点处电压必须满足

$$U_{GS} > U_T, U_{DS} > U_{GS} - U_T$$

直流偏置电路如图 6-10 所示,其结构与 NPN 管的直流偏置电路类似。

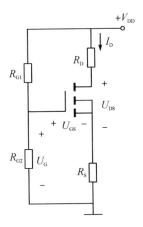

图 6-10　NMOS 管的直流偏置

图 6-10 所示电路中场效应管的漏极电流为

$$I_D = \frac{k}{2}(U_{GS} - U_T)^2 \qquad (6-6)$$

场效应管的栅极电流几乎是零,由分压公式,栅极相对于地的电压 U_G 为

$$U_G = \frac{R_{G2}}{R_{G1} + R_{G2}} V_{DD}$$

则

$$U_{GS} = \frac{R_{G2}}{R_{G1} + R_{G2}} V_{DD} - R_S I_D \qquad (6-7)$$

把式(6-6)代入式(6-7)中,有

$$U_{GS} = \frac{R_{G2}}{R_{G1} + R_{G2}} V_{DD} - \frac{k}{2} R_S (U_{GS} - U_T)^2$$

该式有 2 个根,根据放大区条件,选取满足 $U_{GS} > U_T$ 的根,另一根舍去。再利用式(6-6)或式(6-7)求出漏极电流 I_D,则漏源电压

$$U_{DS} = V_{DD} - (R_S + R_D) I_D \qquad (6-8)$$

若 $U_{DS} > U_{GS} - U_T$,说明管子的确工作在放大区。

例 6-2　N 沟道增强型场效应管的偏置电路如图 6-10 所示,已知 $V_{DD} = 12$ V,电阻 $R_{G1} = R_{G2} = 1$ MΩ,$R_D = 3$ kΩ,$R_S = 2$ kΩ,场效应管参数:$k = 0.5$ mA/V²,$U_T = 2$ V。试求漏极电流 I_D 和漏源电压 U_{DS}。

解　由式(6-6)和式(6-7)有

$$I_D = \frac{1}{4}(U_{GS} - 2)^2$$

$$U_{GS} = 6 - 2I_D$$

以上两式中电流的单位取 mA,联解得

$$U_{GS} = 4 \text{ V}$$

(另一解 $U_{GS} = -2$ V 由于小于 U_T,故舍去)进一步得

$$I_D = 1 \text{ mA}$$

$$U_{DS} = V_{DD} - (R_S + R_D)I_D$$

$$= 12 \text{ V} - (2 \text{ k}\Omega + 3 \text{ k}\Omega) \times 1 \text{ mA}$$

$$= 7 \text{ V}$$

由于 $U_{DS} > U_{GS} - U_T$,则晶体管的确工作在放大区。

与双极性晶体管放大电路一样,场效应管放大电路也可以用电容实现信号的耦合。图 6-11 是阻容耦合共源极放大电路,输入信号经 C_1 接至栅极,C_2 用来提取漏极电压的交流分量到负载电阻 R_L 上,C_S 为源极旁路电容。

例 6-3 共源放大电路如图 6-11(a)所示,已知 $V_{DD} = 12$ V,$R_{G1} = R_{G2} = 1$ MΩ,$R_D = 3$ kΩ,$R_S = 2$ kΩ,$R_L = 3$ kΩ,场效应管参数:$k = 0.5$ mA/V²,$U_T = 2$ V,设耦合电容和旁路电容的电容值均足够大。试求:电压增益 A、输入电阻 R_{in} 和输出电阻 R_o。

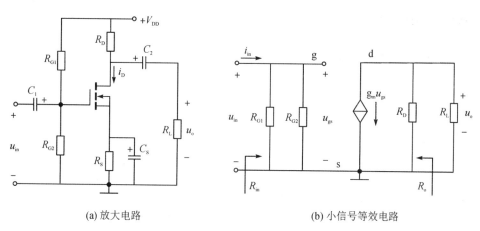

(a) 放大电路　　　　　　　　　　(b) 小信号等效电路

图 6-11　NMOS管共源放大电路

解　根据例 6-2 可知直流工作点的解为:$U_{GS} = 4$ V,$I_D = 1$ mA,$U_{DS} = 7$ V。小信号等效电路如图 6-11(b)所示,其中

$$g_m = \frac{2I_D}{U_{GS} - U_T}$$

$$= \frac{2 \times 1 \text{ mA}}{4 \text{ V} - 2 \text{ V}}$$

$$= 1 \text{ mS}$$

由于

$$u_{\mathrm{o}} = - g_{\mathrm{m}} u_{\mathrm{gs}} (R_{\mathrm{D}} \mathbin{/\!/} R_{\mathrm{L}})$$

$$u_{\mathrm{in}} = u_{\mathrm{gs}}$$

则电压增益为

$$A = \frac{u_{\mathrm{o}}}{u_{\mathrm{in}}} = - g_{\mathrm{m}} (R_{\mathrm{D}} \mathbin{/\!/} R_{\mathrm{L}})$$

$$= - 1\,\mathrm{mS} \times (3\,\mathrm{k}\Omega \mathbin{/\!/} 3\,\mathrm{k}\Omega)$$

$$= - 1.5$$

输入电阻和输出电阻分别为

$$R_{\mathrm{in}} = R_{\mathrm{G1}} \mathbin{/\!/} R_{\mathrm{G2}} = 0.5\,\mathrm{M}\Omega$$

$$R_{\mathrm{o}} = R_{\mathrm{D}} = 3\,\mathrm{k}\Omega$$

共漏极放大电路如图 6 - 12(a)所示,其小信号等效电路如图 6 - 12(b)所示。令 $R_{\mathrm{L}}' = R_{\mathrm{S}} \mathbin{/\!/} R_{\mathrm{L}}$,由于

$$u_{\mathrm{o}} = g_{\mathrm{m}} u_{\mathrm{gs}} R_{\mathrm{L}}'$$

$$u_{\mathrm{in}} = u_{\mathrm{gs}} + g_{\mathrm{m}} u_{\mathrm{gs}} R_{\mathrm{L}}'$$

则电压增益

$$A = \frac{u_{\mathrm{o}}}{u_{\mathrm{in}}} = \frac{g_{\mathrm{m}} R_{\mathrm{L}}'}{1 + g_{\mathrm{m}} R_{\mathrm{L}}'} \tag{6 - 9}$$

可见,A 略小于 1。

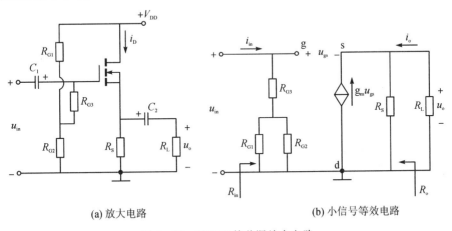

(a) 放大电路　　　　　　(b) 小信号等效电路

图 6 - 12　NMOS 管共漏放大电路

小信号输入电阻为

$$R_{\mathrm{in}} = \frac{u_{\mathrm{in}}}{i_{\mathrm{in}}} = R_{\mathrm{G3}} + R_{\mathrm{G1}} \mathbin{/\!/} R_{\mathrm{G2}} \tag{6 - 10}$$

用外施电源法求输出电阻 R_{o}。除去负载电阻 R_{L},并把输入信号源置零,这时

$$u_{o} = -u_{gs}$$

$$i_{o} = \frac{u_{o}}{R_{S}} - g_{m}u_{gs} = \frac{u_{o}}{R_{S}} + g_{m}u_{o}$$

则输出电阻

$$R_{o} = \frac{u_{o}}{i_{o}} = R_{S} \mathbin{/\mkern-5mu/} \frac{1}{g_{m}} \qquad\qquad (6-11)$$

可见,共漏放大电路的输入电阻大,而输出电阻小。

共栅放大电路应用很少,此处从略。

对耗尽型 NMOS 管,若要求工作点处的栅源电压 $U_{GS} < 0$,可以采用前述的分压偏置电路,另一种更为简单的自给偏压电路如图 6-13 所示。由于 $I_{G} \approx 0$,则

$$U_{GS} = -R_{S}I_{D} \qquad\qquad (6-12)$$

把它与场效应管的转移特性关系式联解,能够确定出 U_{GS}。

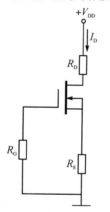

图 6-13　自给偏压电路

例 6-4　耗尽型 NMOS 管自给偏压电路如图 6-13 所示,已知 $V_{DD} = 10\,\mathrm{V}$,$R_{G} = 1\,\mathrm{M\Omega}$,$R_{D} = 3\,\mathrm{k\Omega}$,$R_{S} = 2\,\mathrm{k\Omega}$,场效应管参数 $U_{T} = -4\,\mathrm{V}$,$k = 0.5\,\mathrm{mA/V^{2}}$。试求漏极电流 I_{D} 和漏源电压 U_{DS}。

解　I_{D} 和 U_{DS} 满足

$$I_{D} = \frac{k}{2}(U_{GS} - U_{T})^{2}$$

$$U_{GS} = -R_{S}I_{D}$$

设电流 I_{D} 以 mA 为单位,代入已知数据,有

$$I_{D} = \frac{1}{4}(U_{GS} + 4)^{2}$$

$$U_{GS} = -2I_{D}$$

解得 $U_{GS} = -2\,\mathrm{V}$(另一解 $-8\,\mathrm{V}$ 舍去),$I_{D} = 1\,\mathrm{mA}$。栅源电压为

$$U_{DS} = V_{DD} - (R_S + R_D)I_D$$
$$= 10\ \text{V} - (2\ \text{k}\Omega + 3\ \text{k}\Omega) \times 1\ \text{mA}$$
$$= 5\ \text{V}$$

由于 $U_{GS} - U_T = 2\ \text{V}$，故 $U_{DS} > U_{GS} - U_T$，场效应管工作在放大区。

图 6-14 所示为自给偏压共源放大电路，输入直接接栅极，设电容 C 和 C_S 趋近于无限大，该电路的小信号等效电路如图 6-15 所示。由于

$$u_o = -g_m u_{gs}(R_D \mathbin{/\mkern-5mu/} R_L)$$
$$u_{in} = u_{gs}$$

则电压增益

$$A = \frac{u_o}{u_{in}} = -g_m(R_D \mathbin{/\mkern-5mu/} R_L) \tag{6-13}$$

输入电阻和输出电阻分别为

$$R_{in} = \frac{u_{in}}{i_{in}} = R_G$$

$$R_o = R_D$$

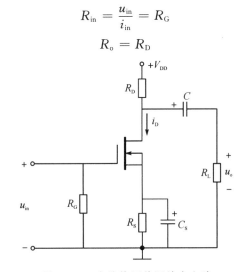

图 6-14　自给偏压共源放大电路

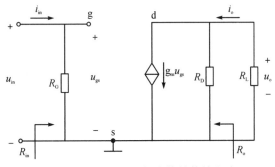

图 6-15　图 6-14 的小信号等效电路

例 6 - 5　电路如图 6 - 14 所示,已知 $V_{DD}=10\text{ V}, R_G=1\text{ M}\Omega, R_D=3\text{ k}\Omega, R_S=2\text{ k}\Omega, R_L=2\text{ k}\Omega$,场效应管参数 $k=0.5\text{ mA/V}^2, U_T=-4\text{ V}$。试求电压增益 A。

解　上例中已求出直流工作点:$U_{GS}=-2\text{ V}, I_D=1\text{ mA}, U_{DS}=5\text{ V}$。由式(6 - 5),可求出跨导为

$$g_m=\frac{2I_D}{U_{GS}-U_T}$$

$$=\frac{2\times 1\text{ mA}}{-2\text{ V}-(-4\text{ V})}$$

$$=1\text{ mS}$$

从图 6 - 15 所示小信号等效电路求得电压增益

$$A=\frac{u_o}{u_{in}}=-g_m(R_D\ /\!/\ R_L)$$

$$=-1\text{ mS}\times(3\text{ k}\Omega\ /\!/\ 2\text{ k}\Omega)$$

$$=-1.2$$

6.3　结型场效应管

与绝缘栅场效应管一样,结型场效应管也有源极、漏极和栅极,且输入电流很小,但结型场效应管的跨导较大,噪声低,常用于实现低噪声放大、恒流源电路和可调电阻。N 沟道结型场效应管简称 NJF,结构如图 6 - 16 所示,它是在一条 N 型半导体的两侧,通过掺入高浓度 3 价元素将其转变成 P 型半导体,栅极 g 接 P 型半导体,源极 s 和漏极 d 分别接 N 型半导体的两端,一些结型场效应管的源极和漏极也可以互换。

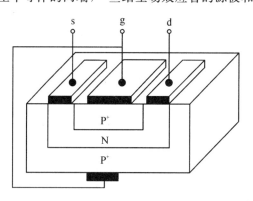

图 6 - 16　NJF 结构示意图

1. 夹断电压

在两种半导体材料的交界处存在耗尽层,由于 P 型半导体掺杂浓度高,故而 N

型半导体中的耗尽层相对较厚。正常工作时,必须给 PN 结施加反向电压(N 型侧电位高,P 型侧电位低),则要求栅极电位低于源极电位,漏极电位高于源极电位,在源到漏的导电沟道中,多数载流子电子流向漏极,在漏极端形成电流,该电流的真实方向指向管子。NJF 工作时由于 PN 结必须反向偏置,故而栅极电流很小,$I_G \approx 0$。

　　PN 结反向电压增大时耗尽层必然加厚,则源漏间的导电沟道就变窄,其电阻增大。当栅源间的反向电压足够大时,源极端的沟道也将被夹断,导致沟道消失,这时就不存在漏极电流,且与漏源电压无关。设 $U_{GS} < U_P$(U_P 为负值)时 $I_D \approx 0$,称 U_P 为夹断电压,$|U_P|$ 一般在 10 V 以内。在晶体管数据手册中,U_P 一般用 $U_{GS(off)}$ 表示。

2. 输出特性

　　以 U_{GS} 为参量,漏极电流 I_D 随漏源电压 U_{DS} 变化的关系称为输出特性。以下均取 I_D 的参考方向指向晶体管。

　　当 $U_{GS} = 0$、$U_{DS} = 0$ 时,耗尽层如图 6-17(a)中阴影区域所示,图中两个 P 型半导体相连,连接线省略。若 $U_{GS} = 0$,给漏极和源极间外加大于零的电压 U_{DS},则沟道中存在电位梯度,靠近漏极端的电位高,耗尽层加厚,沟道变窄,如图 6-17(b)中所示。若 U_{DS} 继续增大,直到漏极端沟道刚被夹断,如图 6-17(c)中所示,这时 $U_{DS} = -U_P$。

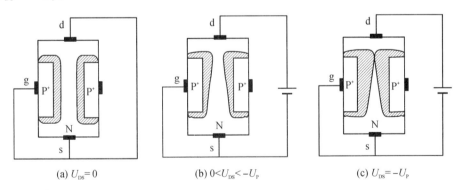

(a) $U_{DS} = 0$ 　　　　　(b) $0 < U_{DS} < -U_P$ 　　　　　(c) $U_{DS} = -U_P$

图 6-17　栅源短路时的导电沟道

　　在 $U_{GS} = 0$ 时,若 U_{DS} 比较小,I_D 近似是 U_{DS} 的线性关系;随 U_{DS} 增加,由于耗尽层加厚,沟道变窄,电阻增大,I_D 增大的趋势变缓;当 $U_{DS} = -U_P$ 时,导电沟道在漏极端刚夹断;若再增大 U_{DS},则沟道夹断点向源极端移动,而漏极电流几乎不再增大,其特性如图 6-18(a)中最上部曲线所示。

　　当栅源电压 $U_{GS} < 0$ 时,且源极端沟道未被夹断,在 U_{GS} 和 U_{DS} 的共同作用下,耗尽层加厚,沟道变窄,相对于 $U_{GS} = 0$ 时的漏极电流变小,输出特性如图 6-18(a)

所示。沟道在漏极端刚夹断时,$U_{GD}=U_P$,即 $U_{DS}=U_{GS}-U_P$,如图 6 - 18(a)中虚线所示,位于 $U_{DS}<U_{GS}-U_P$ 的曲线称为可变电阻区,管子相当于 U_{GS} 控制的电阻;位于 $U_{DS}>U_{GS}-U_P$ 的曲线称为放大区(也称恒流区、饱和区),曲线较为平坦。

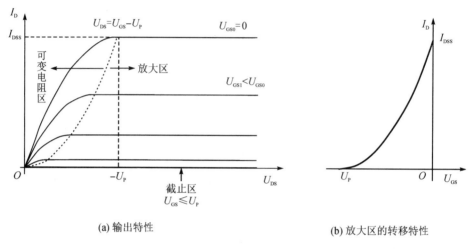

(a) 输出特性   (b) 放大区的转移特性

图 6 - 18   NJF 的端特性

当 $U_{GS}<U_P$ 时,源极端的导电沟道被夹断,这时漏极几乎无电流,管子工作于截止区。

3. 转移特性

以 U_{DS} 为参量,漏极电流 I_D 随栅源电压 U_{GS} 的变化称为转移特性。

放大区的转移特性如图 6 - 18(b)所示,$I_D \sim U_{GS}$ 近似为平方律关系

$$I_D = \beta(U_{GS} - U_P)^2 \tag{6-14}$$

其中 β 为管子参数,单位 A/V^2。令上式中 $I_{DSS}=\beta U_P^2$,则漏极电流也可表示为(Shockley 方程)

$$I_D = I_{DSS}\left(1 - \frac{U_{GS}}{U_P}\right)^2 \tag{6-15}$$

把 NJF 中的两种半导体互换,构成 P 沟道结型场效应管,简称 PJF,只有当 U_{GS} 为正时才可以控制沟道的厚度,$0<U_{GS}<U_P$。同时,漏源电压 U_{DS} 为负,沟道中的空穴向漏极流动,若漏极电流 I_D 的参考方向指向管子,则 I_D 为负值。PJF 的端特性如图 6 - 19 所示,位于 $U_{DS}>U_{GS}-U_P$ 的曲线是可变电阻区,位于 $U_{DS}<U_{GS}-U_P$ 的曲线是放大区。

结型场效应管的图形符号如图 6 - 20 所示,其中栅极上的箭头隐含 PN 结的正偏方向。使用结型场效应管进行信号放大时,NJF 的栅源电压必须小于零且大

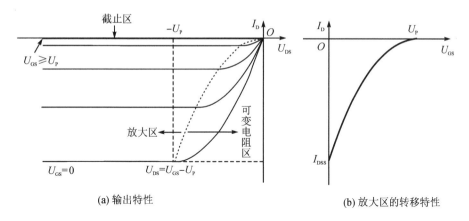

(a) 输出特性　　　　　　　　　　　(b) 放大区的转移特性

图 6-19 PJF 的端特性

于夹断电压,工作点处的漏极电流一般设置为 I_{DSS} 的 $30\%\sim70\%$,用分压偏置电路和自给偏压电路均可,此处不再赘述。若用符号 U_{T} 代替 U_{P},结型场效应管的小信号模型和跨导 g_{m} 的计算公式与耗尽型 MOS 管的相同。

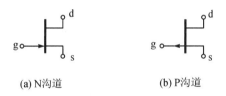

(a) N沟道　　　　　　　　(b) P沟道

图 6-20 结型场效应管的图形符号

6.4 复合管

在实际应用中,也可以把两只双极性晶体管适当连接以提高总的电流增益,整体上当作一只晶体管使用。连接时,按正确的电流流向,第 2 只晶体管对第 1 只晶体管的集电极电流或发射极电流再放大。两只相同类型晶体管组成的复合管如图 6-21(a) 和 (b) 所示,其中 Q_2 的基极接 Q_1 的发射极,Q_2 对 Q_1 的发射极电流再放大,集电极电流是两只晶体管集电极电流的和。设两只晶体管的电流增益分别为 β_1 和 β_2,复合管的集电极电流

$$
\begin{aligned}
I_{\text{C}} &= I_{\text{C1}} + I_{\text{C2}} \\
&= \beta_1 I_{\text{B}} + \beta_2 I_{\text{E1}} \\
&= \beta_1 I_{\text{B}} + \beta_2 (\beta_1 + 1) I_{\text{B}}
\end{aligned}
$$

即复合管的电流增益 β 为

$$\beta = \beta_1 + \beta_2(\beta_1 + 1) \approx \beta_1\beta_2 \qquad (6-16)$$

若 $\beta_1 = \beta_2 = 100$,则 $\beta \approx 10^4$,可见,复合管的电流增益很大。

复合管的共射输入电阻 r_π 为

$$r_\pi = \frac{\partial U_{BE}}{\partial I_B} = \frac{\partial U_{BE1}}{\partial I_B} + \frac{\partial U_{BE2}}{\partial I_B}$$

$$= r_{\pi1} + (\beta_1 + 1)\frac{\partial U_{BE2}}{\partial I_{B2}}$$

则

$$r_\pi = r_{\pi1} + (\beta_1 + 1)r_{\pi2} \qquad (6-17)$$

两只不同种类晶体管组成的复合管如图 6-21(c) 和 (d) 所示,它们的 β 均近似为 $\beta_1\beta_2$,共射输入电阻均等于 Q_1 的共射输入电阻。在组成复合管时,每一只晶体管必须工作在放大区,Q_2 的基极应该接 Q_1 的发射极还是集电极,要视电流的真实方向确定。不论哪种情况,复合管的类型总是与 Q_1 的相同。

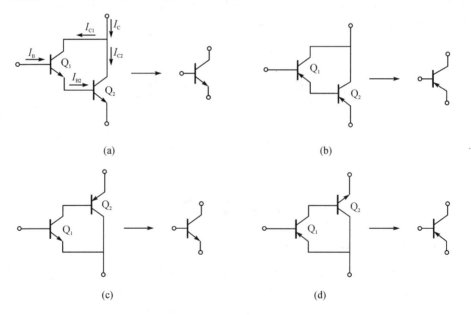

图 6-21　复合管

若用双极性晶体管对场效应管的电流再放大,可提高场效应管的跨导值。图 6-22 所示电路,整体上相当于一个增强型 NMOS 管。设 M 的跨导为 g_{m1},Q 的电流增益为 β_2,共射输入电阻为 $r_{\pi2}$,等效场效应管的漏极电流 i_d 和栅源电压 u_{gs} 分别为

$$i_d = i_{d1} + i_{c2}$$

$$= i_{d1} + \beta_2 i_{d1}$$
$$= (1 + \beta_2) g_{m1} u_{gs1}$$
$$u_{gs} = u_{gs1} + r_{\pi2} i_{d1} = (1 + r_{\pi2} g_{m1}) u_{gs1}$$

则跨导

$$g_m = \frac{i_d}{u_{gs}} = \frac{(1 + \beta_2) g_{m1}}{1 + r_{\pi2} g_{m1}} \qquad (6-18)$$

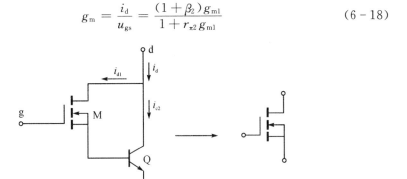

图 6-22 由场效应管与双极性晶体管组成的复合管

习题 6

6-1 场效应管与双极性晶体管有什么区别？

6-2 增强型绝缘栅场效应管与耗尽型绝缘栅场效应管有什么区别？

6-3 耗尽型绝缘栅场效应管与结型场效应管有什么区别？

6-4 给出四种绝缘栅场效应管阈值电压的正负。

6-5 判断题 6-5 图所示的电路是否能正常放大，为什么？

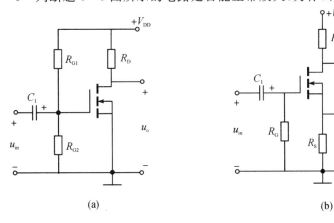

(a)   (b)

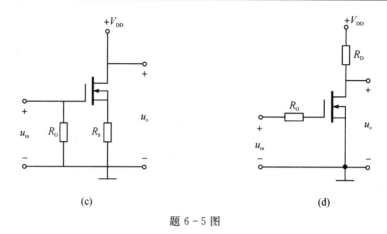

(c) 　　　　　　　　　　　　　(d)

题 6 - 5 图

6 - 6　已知题 6 - 6 图所示电路中,场效应管的 $U_T=2$ V、$U_{GS}=4$ V 时 $I_D=3$ mA。求电压增益 A。

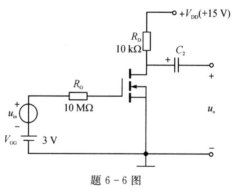

题 6 - 6 图

6 - 7　电路如题 6 - 7 图所示。已知 $U_T=3$ V,且当 $U_{GS}=5$ V 时,$I_D=0.8$ mA。试求管子的 U_{GS}、I_D 和 U_{DS}。

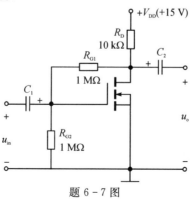

题 6 - 7 图

6-8 电路如题 6-8 图所示。已知场效应管的跨导 $g_m = 1\,\text{mS}$,各电容器的电容量均足够大,试估算电压增益 A,输入电阻 R_{in} 和输出电阻 R_o。

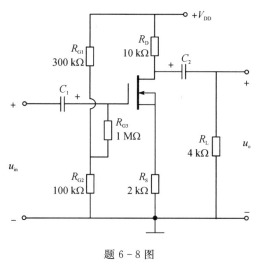

题 6-8 图

6-9 共漏放大电路如题 6-9 图所示,已知场效应管 $U_T = -4\,\text{V}$,$k = 2\,\text{mA/V}^2$,各电容器的电容量均足够大。画出小信号等效电路图,并计算电压增益 A,输入电阻 R_{in} 和输出电阻 R_o。

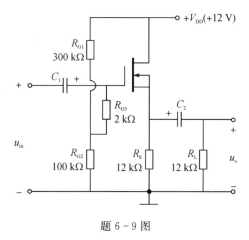

题 6-9 图

6-10 电路如题 6-10 图所示,已知场效应管 $I_{DSS} = 2.4\,\text{mA}$,$U_P = -6\,\text{V}$,各电容器的电容量均足够大。试求电压增益。

6-11 共源放大电路如题 6-11 图所示,已知结型场效应管 $I_{DSS} = 4\,\text{mA}$,$U_P = -4\,\text{V}$。试求直流工作点处的 U_{GS}、I_D 和 U_{DS}。

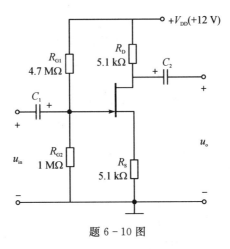

题 6 - 10 图

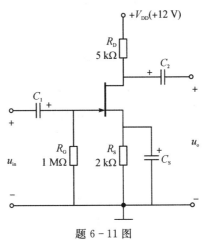

题 6 - 11 图

6-12　判断出题 6-12 图所示能实现复合管作用的电路,并标出等效复合管的管脚。

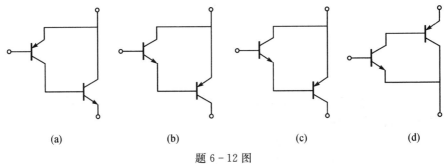

(a)　　　　　　　　(b)　　　　　　　　(c)　　　　　　　　(d)

题 6 - 12 图

第7章 集成运算放大器

晶体管问世之后大大缩小了电路和电子设备的体积,由于 PN 结的实现与晶体管的大小无关,因而晶体管被越做越小。1958 年第一块集成电路由德州仪器公司(Texas Instruments)的工程师杰克•基尔比(Jack Kilby)设计完成。在此之后,随着仙童半导体公司(Fairchild Semiconductor)发明了"平面工艺"、贝尔实验室(Bell Labs)研制出了 MOS 场效应管,电子电路的集成度越来越高。现在,一张 256 GB 的 Micro SD 卡(长 15 mm、宽 11 mm)可以容纳百亿个 MOS 管。

运算放大器(operational amplifier,简称运放)的概念早在 1930 年前后就已被提出,主要实现比例、加、减、积分等的模拟运算。集成运算放大器诞生于 1963 年,仙童半导体公司于 1968 年推出了更稳定、更有效的 μA741 型集成运算放大器,它是微电子工业发展史上最"长寿"的产品,直到现在依然被生产使用。

集成运算放大器的应用并不局限于模拟运算,而是被广泛应用于家电、工业及科学仪器领域。按照参数分类,集成运算放大器可分为通用型、高精度型、高速型、高阻型、宽频带型、低功耗型、高压大功率型、可编程控制型等。

本章首先介绍实现集成运算放大器的两个重要单元电路——差分放大电路和电流源电路,然后介绍集成运算放大器一些基本应用电路。

7.1 差分放大电路

典型的差分放大电路如图 7 - 1 所示,设电路中 Q_1 管和 Q_2 管的特性完全相同,基极接输入信号,发射极合用一个电阻 R_E,R_E 的另一端接负电源 $-V_{EE}$,该电路常被称为长尾电路。

图 7 - 1 中 Q_1 管和 Q_2 管各组成一个共射放大电路。当输入信号为零时,若温度或其他外界条件发生变化,两只晶体管的特性都会发生改变,但由于两管特性一致,两管的电流变化相同,输出端集电极电位相等,因此输出电压 $u_o = u_{o1} - u_{o2} = 0$,消除了零点漂移。同理,如果输入信号 u_{in1} 和 u_{in2} 相等,这时的输出电压 u_o 也为零。

若输入信号为小信号,且相差一个负号,此时 Q_1 管和 Q_2 管的小信号集电极电流反相,即 $i_{c1} = -i_{c2}$。故而小信号输出电压 $u_o = u_{o1} - u_{o2} = 2u_{o1}$,从而实现了电压放大。

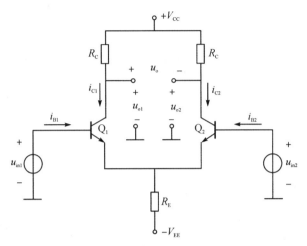

图 7 - 1　典型的差分放大电路

对其他形式的输入,可定义两个输入在任一时刻的平均值为共模输入电压 u_c,差值为差模输入电压 u_d,即

$$u_c = \frac{u_{in1} + u_{in2}}{2} \tag{7-1}$$

$$u_d = u_{in1} - u_{in2} \tag{7-2}$$

则输入可表示为

$$u_{in1} = \frac{u_d}{2} + u_c, \quad u_{in2} = -\frac{u_d}{2} + u_c \tag{7-3}$$

如图 7 - 2 所示。

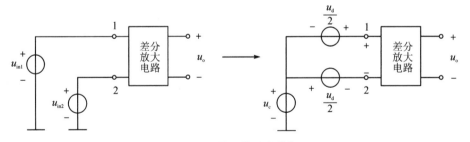

图 7 - 2　输入信号的分解

7.1.1　差分放大电路性能指标

1. 差模电压增益与差模输入电阻

仅当差模输入电压作用时,如图 7 - 3(a)所示,在小信号下,定义输出电压与差

模输入电压之比为差模电压增益

$$A_{\mathrm{d}} = \frac{u_{\mathrm{o}}}{u_{\mathrm{d}}} \qquad\qquad (7-4)$$

输入电流为 i_{d} 时,定义差模输入电阻为

$$R_{\mathrm{ind}} = \frac{u_{\mathrm{d}}}{i_{\mathrm{d}}} \qquad\qquad (7-5)$$

2. 共模电压增益与共模输入电阻

仅当共模输入电压作用时,如图 7-3(b)所示。在小信号下,定义输出电压与共模输入电压之比为共模电压增益

$$A_{\mathrm{c}} = \frac{u_{\mathrm{o}}}{u_{\mathrm{c}}} \qquad\qquad (7-6)$$

输入电流为 i_{c} 时,定义共模输入电阻为

$$R_{\mathrm{inc}} = \frac{u_{\mathrm{c}}}{i_{\mathrm{c}}} \qquad\qquad (7-7)$$

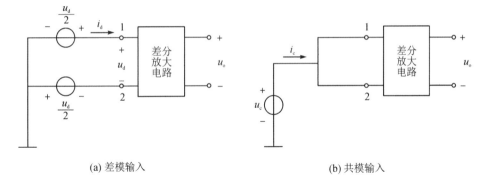

(a) 差模输入　　　　　　　　　　　　(b) 共模输入

图 7-3　差模输入与共模输入

3. 输出电阻

把输入信号置零,从输出端看入电路的等效电阻称为输出电阻,如图 7-4 所示。

$$R_{\mathrm{o}} = \frac{u}{i} \qquad\qquad (7-8)$$

4. 共模抑制比

定义差模电压增益与共模电压增益之比的绝对值为共模抑制比 K_{CMR}:

$$K_{\mathrm{CMR}} = \left| \frac{A_{\mathrm{d}}}{A_{\mathrm{c}}} \right| \qquad\qquad (7-9)$$

通常用分贝值表示为

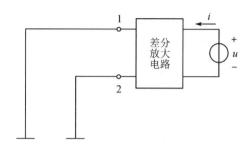

图 7 - 4　差分放大电路的输出电阻

$$K_{CMR} = 20\lg \left| \frac{A_d}{A_c} \right| \quad (dB) \tag{7-10}$$

式(7-9)表明,放大电路的差模电压增益愈大、共模电压增益愈小,则该电路的共模抑制比就愈大,说明该电路抑制温漂的能力愈强。当差分放大电路完全对称时,共模电压增益为零,共模抑制比趋于无穷大。

7.1.2　双端输出差分放大电路

1. 直流工作点的估算

把输入信号置零,图 7-1 所示差分放大电路的直流偏置电路如图 7-5 所示。由于电路左右对称,故而 Q_1 和 Q_2 的直流工作点也相同,流经电阻 R_E 的电流为 $2I_{E1}$,对晶体管发射结、电阻 R_E 和负电源组成的回路应用 KVL,有

$$U_{BE} + 2R_E I_{E1} - V_{EE} = 0$$

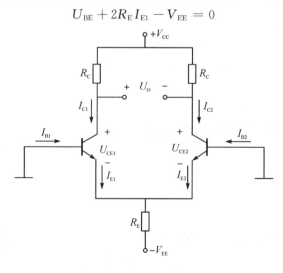

图 7 - 5　差分放大电路的直流偏置电路

则

$$I_{C1} = I_{C2} \approx I_{E1} = \frac{V_{EE} - U_{BE}}{2R_E}$$

$$U_{CE1} = U_{CE2} = V_{CC} - R_C I_{C1} + U_{BE}$$

2. 差模输入

仅差模输入信号作用时,根据电路的对称性,交流通路中晶体管发射极电位为零,故而发射极等同于接地,交流通路如图 7-6 所示。则

$$u_o = u_{o1} - u_{o2} = 2u_{o1}$$

可得差模电压增益

$$A_d = \frac{u_o}{u_d} = \frac{2u_{o1}}{2 \cdot \dfrac{u_d}{2}} = A_{d1}$$

由于晶体管 Q_1 的电压增益为

$$A_{d1} = -\frac{R_C i_{c1}}{r_\pi i_{b1}} = -\frac{\beta R_C}{r_\pi}$$

故有

$$A_d = -\frac{\beta R_C}{r_\pi} \tag{7-11}$$

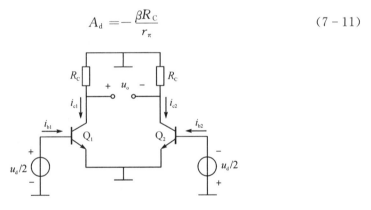

图 7-6 差分电路的差模小信号分析

若输出端连接有负载电阻 R_L,如图 7-7 所示,R_L 等同于两个阻值为 $R_L/2$ 电阻的串联,负载中点电位等于零,则差模电压增益

$$A_d = -\frac{\beta (R_C \mathbin{/\mkern-5mu/} \dfrac{R_L}{2})}{r_\pi} \tag{7-12}$$

差模输入电阻

$$R_{ind} = \frac{u_d}{i_{b1}} = 2r_\pi \tag{7-13}$$

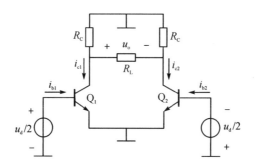

图 7 - 7 带负载的差分放大电路

把图 7 - 7 中的输入电压置零,可求出输出电阻

$$R_o = 2R_C \tag{7-14}$$

3. 共模输入

共模输入下的交流通路如图 7 - 8 所示,由于电路对称,输出电压 $u_o = 0$,因此共模电压增益

$$A_c = \frac{u_o}{u_c} = 0 \tag{7-15}$$

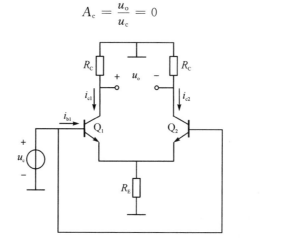

图 7 - 8   差分电路的共模小信号分析

根据图 7 - 8 可以得出共模输入电阻

$$R_{inc} = \frac{u_c}{2i_{b1}} = \frac{r_\pi}{2} + (\beta + 1)R_E \tag{7-16}$$

由以上分析可知,差分放大电路的电压增益并不会因为晶体管的数量增加而增大,而是仍和单个晶体管的电压增益一样。但是,差分放大电路具有抑制温漂的作用,是用数量换质量。

例 7 - 1　差分放大电路如图 7 - 9 所示,两只晶体管为硅管,$\beta = 50$。试估算电路的直流工作点,计算差模与共模电压增益和输入电阻,以及输出电阻。

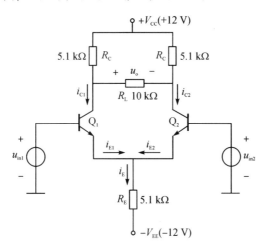

图 7 - 9　例 7 - 1 电路图

解　(1)直流工作点估算

图 7 - 9 的直流偏置电路如图 7 - 5 所示,由于电路对称,R_L 中没有电流,等同于断路。集电极电流

$$
\begin{aligned}
I_{C1} \approx I_{E1} &= \frac{V_{EE} - U_{BE1}}{2R_E} \\
&= \frac{12\,\text{V} - 0.7\,\text{V}}{2 \times 5.1\,\text{k}\Omega} \\
&= 1.1\,\text{mA}
\end{aligned}
$$

集射电压

$$
\begin{aligned}
U_{CE1} &\approx V_{CC} - R_C I_{C1} + U_{BE} \\
&= 12\,\text{V} - 5.1\,\text{k}\Omega \times 1.1\,\text{mA} + 0.7\,\text{V} \\
&= 7.1\,\text{V}
\end{aligned}
$$

(2)小信号分析

晶体管的小信号输入电阻 r_π 为

$$
r_\pi = \beta \frac{U_T}{I_{C1}} = 50 \times \frac{26\,\text{mV}}{1.1\,\text{mA}} = 1.18\,\text{k}\Omega
$$

差模输入下的交流通路如图 7 - 7 所示,差模电压增益

$$
A_d = \frac{u_o}{u_d} = -\frac{\beta\left(R_C \,/\!/\, \dfrac{R_L}{2}\right)}{r_\pi}
$$

$$=-\frac{50\times(5.1\text{ k}\Omega\mathbin{/\mkern-5mu/}\frac{10\text{ k}\Omega}{2})}{1.18\text{ k}\Omega}$$

$$\approx-107$$

差模输入电阻

$$R_{\text{ind}}=2r_{\pi}=2\times1.18\text{ k}\Omega=2.36\text{ k}\Omega$$

共模电压增益为

$$A_{\text{c}}=\frac{u_{\text{o}}}{u_{\text{c}}}=0$$

共模输入电阻

$$R_{\text{inc}}=\frac{r_{\pi}}{2}+(\beta+1)R_{\text{E}}$$

$$=\frac{1.18\text{ k}\Omega}{2}+(50+1)\times5.1\text{ k}\Omega$$

$$=260.7\text{ k}\Omega$$

输出电阻

$$R_{\text{o}}=2R_{\text{C}}=2\times5.1\text{ k}\Omega=10.2\text{ k}\Omega$$

7.1.3　单端输出差分放大电路

上述差分放大电路中两只晶体管的基极对地接入信号,输出信号取自两只晶体管的集电极间电压,为双端输入双端输出差分放大电路。在实际应用中,为了防止干扰,常将一个输入端直接接地,即单端输入;而输出端为了测量方便和负载安全,信号只从一端输出。

图 7-10 所示电路为单端输入单端输出的差分放大电路,其中 Q_1 管的集电极不需要接入电阻。根据式(7-3),单端输入时的差模和共模输入电压分别为

$$u_{\text{d}}=u_{\text{in}}$$

$$u_{\text{c}}=\frac{1}{2}u_{\text{in}}$$

可以看出:单端输入具有与双端输入相同的效应。因此,单端输入差分放大电路和双端输入差分放大电路的分析方法相同。

图 7-10 所示电路为单端输出形式,在差模输入电压作用下,输出电压 u_{o} 和 Q_2 管的基极电压 u_{b2} 分别为

$$u_{\text{o}}=-(R_{\text{C}}\mathbin{/\mkern-5mu/}R_{\text{L}})i_{\text{c2}}$$

$$u_{\text{b2}}=\frac{-u_{\text{d}}}{2}=r_{\pi}i_{\text{b2}}$$

则差模电压增益

$$A_\mathrm{d} = \frac{u_\mathrm{o}}{u_\mathrm{d}} = \frac{\beta(R_\mathrm{C} /\!\!/ R_\mathrm{L})}{2r_\pi} \qquad\qquad (7-17)$$

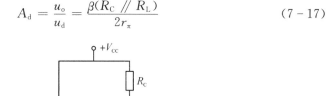

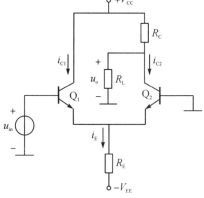

图 7 - 10　单端输入单端输出的差分放大电路

在共模输入电压作用下，输出电压 u_o 和 Q_2 管的基极电压 u_b2 分别为

$$u_\mathrm{o} = -(R_\mathrm{C} /\!\!/ R_\mathrm{L}) i_\mathrm{c2}$$

$$u_\mathrm{b2} = u_\mathrm{c} = [r_\pi + 2(\beta+1)R_\mathrm{E}] i_\mathrm{b2}$$

则共模电压增益

$$A_\mathrm{c} = \frac{u_\mathrm{o}}{u_\mathrm{c}} = -\frac{\beta(R_\mathrm{C} /\!\!/ R_\mathrm{L})}{r_\pi + 2(\beta+1)R_\mathrm{E}} \approx -\frac{R_\mathrm{C} /\!\!/ R_\mathrm{L}}{2R_\mathrm{E}} \qquad (7-18)$$

上式表明：提高电阻 R_E，可使共模电压增益减小，从而达到抑制共模信号的作用。

　　单端输入差分放大电路的输入电阻与双端输入的相同；输出电阻由于仅与输出端的输出形式有关，单端输出时负载电阻 R_L 接在某个晶体管的一端，输出电阻为 R_C。

7.1.4　使用恒流源的差分放大电路

　　由式(7 - 18)可知，单端输出的差分放大电路中，增大发射极电阻 R_E 可以提高共模抑制比。但集成电路中不易制作大电阻，因此，常采用恒流源来替代发射极电阻 R_E，如图 7 - 11 所示。恒流源的晶体管实现电路见下节内容。在工作点处，Q_1 管和 Q_2 管的发射极电流均为 $I_\mathrm{S}/2$。在差模输入信号作用时，晶体管发射极电位近似为零；在共模输入信号作用时，发射极上相当于接入一个很大的电阻，该电阻为电流源的内阻。

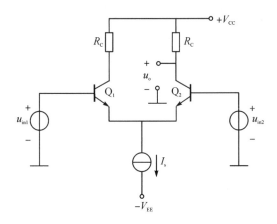

图 7 - 11　使用恒流源的差分放大电路

7.2　电流源电路

在集成运算放大电路中,常常由晶体管或场效应管构成电流源电路,为各部分提供合适的直流电流或作为负载取代高阻值的电阻,从而增大电压增益。下面将讨论几种常用的电流源电路。

7.2.1　镜像电流源电路

镜像电流源电路由两个特性完全相同的晶体管 Q_1 和 Q_2 构成,如图 7 - 12 所示。由图可知,Q_1 管的集电极和基极连接在一起,$U_{CE1}=U_{BE1}=U_{BE2}$,可以保证 Q_1 管工作在放大区,不进入饱和区。因此,Q_1 管集电极电流 $I_{C1}=\beta_1 I_{B1}$。镜像电流源电路中 Q_1 和 Q_2 管的发射结并联,故而两管的基极电流相等,即 $I_{B1}=I_{B2}=I_B$。由

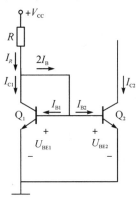

图 7 - 12　镜像电流源电路

于两只晶体管特性相同，$\beta_1 = \beta_2 = \beta$，它们的集电极电流也相等，即 $I_{C1} = I_{C2} = \beta I_B$。可见，这种特殊的接法使得 I_{C1} 和 I_{C2} 呈镜像关系，该电路称为镜像电流源电路。

I_R 为基准电流，有

$$I_R = \frac{V_{CC} - U_{BE}}{R} = I_{C1} + 2\frac{I_{C1}}{\beta}$$

因此，集电极电流

$$I_{C1} = I_{C2} = \frac{\beta}{\beta + 2}I_R$$

当 $\beta \gg 2$ 时，则输出电流

$$I_{C2} \approx I_R = \frac{V_{CC} - U_{BE}}{R} \tag{7-19}$$

式(7-19)表明，当 V_{CC} 和电阻 R 数值一定时，基准电流 I_R 基本恒定，输出电流 I_{C2} 也稳定不变。

7.2.2　比例电流源电路

镜像电流源电路的输出电流 I_{C2} 小于基准电流 I_R，如果在镜像电流源电路的两个发射极分别接入两个电阻 R_{E1}、R_{E2}，则可使基准电流 I_R 和输出电流 I_{C2} 成一定比例关系，I_{C2} 可以大于 I_R 也可以小于 I_R。这种电路被称为比例电流源电路，如图 7-13 所示。

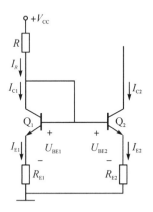

图 7-13　比例电流源电路

忽略基极电流，可近似认为 Q_1 管的集电极电流 I_{C1} 等于发射极电流 I_{E1}，并且满足 $V_{CC} \gg U_{BE1}$，则有

$$I_R \approx I_{C1} \approx I_{E1}$$
$$I_{E1} \approx \frac{V_{CC} - U_{BE1}}{R + R_{E1}} \approx \frac{V_{CC}}{R + R_{E1}}$$

因此,基准电流

$$I_R \approx \frac{V_{CC}}{R + R_{E1}}$$

根据 KVL 可知

$$U_{BE1} + I_{E1}R_{E1} = U_{BE2} + I_{E2}R_{E2}$$

当 $\beta \gg 2$ 时,有 $I_R \approx I_{E1}$,$I_{C2} \approx I_{E2}$,可得

$$U_{BE1} + I_R R_{E1} = U_{BE2} + I_{C2}R_{E2}$$

考虑到两个管子的管压降之差别远小于 R_{E1}、R_{E2} 上的电压降,则有

$$I_R R_{E1} \approx I_{C2}R_{E2}$$

即输出电流

$$I_{C2} \approx \frac{R_{E1}}{R_{E2}}I_R \tag{7-20}$$

式(7-20)表明,基准电流 I_R 和输出电流 I_{C2} 的比例关系由发射极电阻 R_{E1}、R_{E2} 的比值确定。

7.2.3 威尔逊电流源电路

图 7-14 所示电路为威尔逊(Wilson)电流源电路,是一种改进型的电流源电路。三只晶体管特性相同,在 Q_2 管的集电极 c_2 处列写 KCL 方程,有

$$I_{E3} = I_{C2} + 2I_B = I_C + 2\frac{I_C}{\beta}$$

$$I_C = \frac{\beta}{\beta + 2}I_{E3}$$

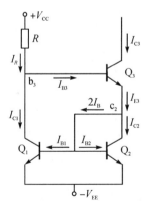

图 7-14　威尔逊电流源电路

由于 $I_{E3} = \frac{\beta + 1}{\beta}I_{C3}$,代入上式可得

$$I_{\mathrm{C}} = \frac{\beta+1}{\beta+2} I_{\mathrm{C3}}$$

在 Q_3 管的基极处列写 KCL 方程,有

$$I_R = I_{\mathrm{B3}} + I_{\mathrm{C1}} = \frac{I_{\mathrm{C3}}}{\beta} + I_{\mathrm{C}}$$

联立上两式可得

$$I_{\mathrm{C3}} = \left(1 - \frac{2}{\beta^2 + 2\beta + 2}\right) I_R \approx I_R \qquad (7-21)$$

即输出电流 $I_{\mathrm{C3}} \approx I_R$,受 β 影响小,高度稳定。

7.3　集成运算放大器

集成运算放大器通常由输入级、中间级、输出级和偏置电路四部分组成,如图 7-15 所示。输入级、中间级和输出级之间均采取直接耦合方式。直接耦合使各晶体管的直流工作点会互相影响,此外,温度的变化必然导致晶体管工作点的改变,故而在输入为零时输出却不一定为零,把这种现象称为零点漂移。零点漂移信号会被后级电路放大,使整个电路性能变差,甚至不能工作。因此,集成运算放大器的输入级采用具有抑制干扰和零点漂移的差分放大电路。

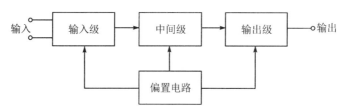

图 7-15　集成运算放大器的结构

集成运算放大器的中间级为整个放大电路提供较大的电压增益,因而常采用复合管共射或共源放大电路。输出级要为负载提供足够的功率,要求输出电阻小和交流输出范围大,因而大多采用射极输出器或互补对称功率放大电路。偏置电路为各级电路提供直流偏置电流,并使整个运放的直流工作点稳定且功耗较小,一般采用电流源电路。

每一集成运算放大器至少有 5 个端子:2 个输入端、1 个输出端、连接直流电源的正负供电端,图形符号如图 7-16(a)所示。标"+"号的称为同相输入端,标"一"号的称为反相输入端。为简明起见,正负供电端常省略不画,如图 7-16(b)所示。

集成运算放大器同相与反相输入端间的电压称为差模输入电压,令 $u_{\mathrm{D}} = u_{\mathrm{P}} - u_{\mathrm{N}}$,输出电压 u_{O} 取决于差模输入电压 u_{D},电压传输特性如图 7-16(c)所示,它近似由

三段直线组成。过零点的直线为线性区,直线的斜率是集成运算放大器的电压增益,通常电压增益很大,可高于 10^5,因此线性区差模输入电压 u_D 的范围很小;$u_O =$ $+U_{OM}$ 的直线称为正饱和区,通常情况下,U_{OM} 低于供电电源电压 $2 \sim 3$ V;$u_O = -U_{OM}$ 的直线称为负饱和区。

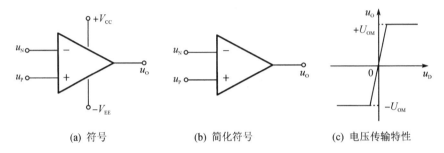

(a) 符号   (b) 简化符号   (c) 电压传输特性

图 7 - 16   集成运算放大器的图形符号和电压传输特性

设集成运算放大器的开环差模电压增益为 A、差模输入电阻为 r_{in}、输出电阻为 r_o,共模抑制比 K_{CMR} 无穷大,当集成运算放大器工作在线性区时,它的一种电路模型如图 7 - 17 所示。图中,集成运算放大器的输入端可用输入电阻 r_{in} 等效,输出端用电压为 Au_D 的受控电压源与输出电阻 r_o 的串联等效。

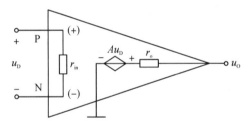

图 7 - 17   集成运算放大器的一种等效电路

通常情况下,集成运算放大器的开环增益 A 很大,输入电阻 r_{in} 也很大,双极性晶体管运放的输入电阻也在兆欧级以上,输出电阻 r_o 相对输入电阻很小,只有几十欧姆,设计运算放大器的理想目标是:

(1)开环电压增益 $A \to \infty$;

(2)输出电阻 $r_o = 0$;

(3)差模输入电阻 $r_{in} \to \infty$;

(4)共模抑制比 $K_{CMR} \to \infty$。

当开环电压增益 $A \to \infty$ 时,由于输出电压为有限值,则输入电压 $(u_P - u_N) \to$ 0,即

$$u_P \approx u_N \tag{7-22}$$

上式意味着两个输入端的电位近似相等。当输入电阻 $r_{in} \to \infty$ 时,则两个输入端的输入电流也为零,即

$$i_P \approx i_N \approx 0 \tag{7-23}$$

为了简化电路分析,常把集成运算放大器视为理想运放,式(7-22)所示两个输入端电压间的关系称为"虚短",式(7-23)所示输入端中电流近乎为零称为"虚断"。利用"虚短""虚断"分析运放组成的电路是非常便捷的方法,通常情况下其分析结果很接近实际。今后,如无特殊说明,均视集成运算放大器是理想的。

7.4　基本运算电路

给集成运算放大器外接少量电阻、电容等元件,可实现对输入电压的某种运算,如反相、比例、求和、相加、积分等。

7.4.1　比例运算电路

比例运算电路的输入电压与输出电压之间成比例关系,比例系数为负值时称之为反相比例运算电路。反相比例运算电路如图 7-18 所示,输入电压 u_{IN} 通过电阻 R_1 接入运放的反相输入端,输出电压 u_O 通过电阻 R_f 也接反相输入端,R_f 为反馈电阻。运放的同相输入端通过电阻 R_2 接地,其作用是使运放两个输入端的对地直流电阻相等,从而避免运放输入偏置电流在两个输入端之间产生附加的差模输入电压,故要求 $R_2 = R_1 /\!/ R_f$。

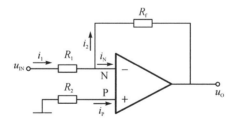

图 7-18　反相比例运算电路

运放反相输入端电流近似为零,$i_N \approx 0$。由 KCL 可知 $i_1 = i_2$,即

$$\frac{u_{IN} - u_N}{R_1} = \frac{u_N - u_O}{R_f} \tag{7-24}$$

根据"虚短"的概念可知 $u_N \approx u_P \approx 0$,即反相输入端近似等于"地"电位,称之为"虚地"。

从式(7-24)得

$$u_O = -\frac{R_f}{R_1}u_{IN} \qquad\qquad (7-25)$$

可见,输出电压 u_O 与输入电压 u_{IN} 成比例关系,比例系数为 $-R_f/R_1$,负号表示输入输出反相,故称之为反相比例运算电路。当 $R_f = R_1$ 时,比例系数为 -1,输出电压与输入电压大小相等、相位相反,称之为反相器。

例 7-2 应用集成运算放大器可测量电压,其原理如图 7-19 所示。设所用集成运放是理想的,输出端所接电压表满量程为 5 V。若要得到 50 V、10 V、5 V、1 V、0.5 V 五种量程,电阻 $R_1 \sim R_5$ 应各为多少?

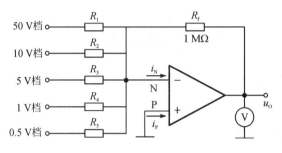

图 7-19 例 7-2 电路图

解 已知输出端所接电压表满量程为 5 V,则每挡输入信号单独作用时也是满量程。假设 50 V 挡输入信号单独作用时,其余 4 挡置零。由于 $u_N \approx u_P = 0$,则电阻 $R_2 \sim R_5$ 中电流均为零。此时电路与图 7-18 电路类似,为反相比例运算电路,输出电压

$$u_O = -\frac{R_f}{R_1}u_{IN1}$$

则可得

$$R_1 = -\frac{R_f}{u_O}u_{IN1} = -\frac{1\,M\Omega}{-5\,V} \times 50\,V = 10\,M\Omega$$

同理可得

$$R_2 = -\frac{R_f}{u_O}u_{IN2} = -\frac{1\,M\Omega}{-5\,V} \times 10\,V = 2\,M\Omega$$

$$R_3 = -\frac{R_f}{u_O}u_{IN3} = -\frac{1\,M\Omega}{-5\,V} \times 5\,V = 1\,M\Omega$$

$$R_4 = -\frac{R_f}{u_O}u_{IN4} = -\frac{1\,M\Omega}{-5\,V} \times 1\,V = 200\,k\Omega$$

$$R_5 = -\frac{R_f}{u_O}u_{IN5} = -\frac{1\,M\Omega}{-5\,V} \times 0.5\,V = 100\,k\Omega$$

例 7-3 电路如图 7-20 所示,已知 $R_1 = R_3 = R_4 = 2R, R_2 = R_5 = R$,试求电压增益 u_O/u_{IN}。

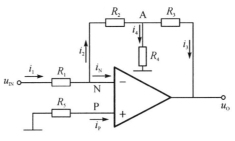

图 7 - 20　例 7 - 3 电路图

解

$$i_2 = i_1 = \frac{u_{\text{IN}}}{R_1}$$

结点 A 电压

$$u_{\text{A}} = -R_2 i_2 = -\frac{R_2}{R_1} u_{\text{IN}}$$

输出电压 u_{O} 为

$$u_{\text{O}} = R_3 \left(\frac{u_{\text{A}}}{R_2} + \frac{u_{\text{A}}}{R_4} \right) + u_{\text{A}} = -\left(\frac{R_3}{R_2} + \frac{R_3}{R_4} + 1 \right) \frac{R_2}{R_1} u_{\text{IN}}$$

代入 $R_1 = R_3 = R_4 = 2R, R_2 = R$，求得

$$\frac{u_{\text{O}}}{u_{\text{IN}}} = -2$$

同相比例运算电路如图 7 - 21 所示，输入电压 u_{IN} 通过电阻 R_2 接入运放的同相输入端，输出电压 u_{O} 经电阻 R_{f} 接反相输入端，反相输入端通过电阻 R_1 接地。R_2 同样是直流平衡电阻，应满足 $R_2 = R_1 /\!/ R_{\text{f}}$。

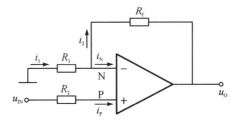

图 7 - 21　同相比例电路

运放工作在线性区时，结点 N 的 KCL 方程为

$$\frac{u_{\text{N}}}{R_1} + \frac{u_{\text{N}} - u_{\text{O}}}{R_{\text{f}}} = 0$$

由于 $u_{\text{N}} \approx u_{\text{P}} = u_{\text{IN}}$，得

$$u_O = \left(1 + \frac{R_f}{R_1}\right)u_{IN} \qquad (7-26)$$

即输出电压 u_O 与输入电压 u_{IN} 成比例关系,比例系数为 $(1+R_f/R_1)$。

若将输出电压全部反馈到反相输入端,可构成电压跟随器,如图 7-22 所示。由于输出电压 $u_O = u_N \approx u_P = u_{IN}$,故输出电压与输入电压的关系为

$$u_O = u_{IN} \qquad (7-27)$$

电压跟随器最重要的特性是输入电阻高、输出电阻低、闭环增益等于 1,具有理想缓冲放大器的作用,常常被用作高阻信号源和低阻负载间的缓冲电路。

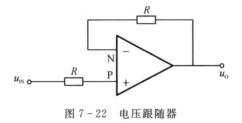

图 7-22　电压跟随器

例 7-4　电路如图 7-23 所示,已知 $R_1 = R_2 = R_5 = R_6 = 2R$,$R_3 = R_4 = R$,试写出输入输出电压关系 u_O/u_{IN}。

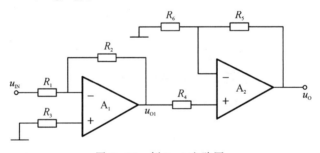

图 7-23　例 7-4 电路图

解　运放 A_1 组成反相比例运算电路,输出电压 u_{O1} 为

$$u_{O1} = -\frac{R_2}{R_1}u_{IN}$$

运放 A_2 组成同相比例运算电路,输出电压 u_O 为

$$u_O = \left(1 + \frac{R_5}{R_6}\right)u_{O1}$$

得

$$\frac{u_O}{u_{IN}} = -\frac{R_2}{R_1}\left(1 + \frac{R_5}{R_6}\right) = -2$$

7.4.2　加减法运算电路

给集成运放配置合适的外围电路就可以实现多路输入信号的相加运算,也可以实现它们的相减运算。

由于加法运算电路的输入信号可以由反相输入端引入,也可以由同相输入端引入,因而有反相输入加法电路和同相输入加法电路之分。反相输入加法运算电路如图 7 - 24 所示。两个输入信号 u_{IN1} 和 u_{IN2} 通过电阻均接入运放反相输入端,运放反相输入端 N 点为"虚地",依据 KCL,有

$$\frac{u_{IN1}}{R_1} + \frac{u_{IN2}}{R_2} + \frac{u_O}{R_f} = 0$$

得

$$u_O = -\left(\frac{R_f}{R_1}u_{IN1} + \frac{R_f}{R_2}u_{IN2}\right)$$

若 $R_1 = R_2 = R$,则有

$$u_O = -\frac{R_f}{R}(u_{IN1} + u_{IN2})$$

即输出电压与各输入电压之和成比例关系。

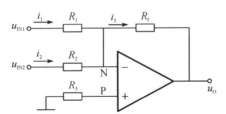

图 7 - 24　反相输入加法运算电路

例 7 - 5　电路如图 7 - 25 所示,设集成运放是理想器件,求输出电压 U_O;如果采用实际运放,电阻 R_P 应如何选取?

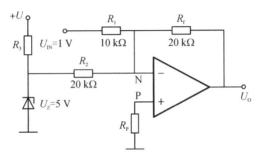

图 7 - 25　例 7 - 5 电路图

解　电路为反相输入加法运算电路,两个输入分别为 U_{IN} 和 U_Z,输出电压 U_O 为

$$U_O = -\left(\frac{R_f}{R_1}U_{IN} + \frac{R_f}{R_2}U_Z\right)$$

$$= -\left(\frac{20\ \text{k}\Omega}{10\ \text{k}\Omega}\times 1\ \text{V} + \frac{20\ \text{k}\Omega}{20\ \text{k}\Omega}\times 5\ \text{V}\right)$$

$$= -7\ \text{V}$$

如果采用实际运放,应保证运放两个输入端的对地直流电阻相等。将反相端的输入信号置零 $U_{IN}=0$,$U_Z=0$,则输出信号 $U_O=0$,因此,反相端所接的三个电阻并联接地,可得

$$R_P = R_1 \,//\, R_2 \,//\, R_f = 10\ \text{k}\Omega \,//\, 20\ \text{k}\Omega \,//\, 20\ \text{k}\Omega = 5\ \text{k}\Omega$$

同相输入加法运算电路如图 7 - 26 所示,为了使运放两个输入端的电阻对称平衡,要求 $R_1 \,//\, R_2 = R \,//\, R_f$。可以利用叠加定理进行分析。

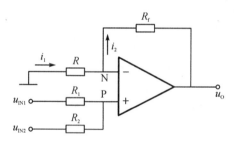

图 7 - 26　同相输入加法运算电路

由同相比例运算电路可知,输出电压 u_O 为

$$u_O = \left(1 + \frac{R_f}{R}\right)u_P \tag{7-28}$$

u_{IN1} 单独作用时 P 点的电位为

$$u_P' = \frac{R_2}{R_1 + R_2}u_{IN1}$$

u_{IN2} 单独作用时 P 点的电位为

$$u_P'' = \frac{R_1}{R_1 + R_2}u_{IN2}$$

根据叠加定理可得 P 点电位为

$$u_P = u_P' + u_P'' = \frac{R_2}{R_1 + R_2}u_{IN1} + \frac{R_1}{R_1 + R_2}u_{IN2} \tag{7-29}$$

将式(7 - 29)代入式(7 - 28)可以求得输出电压为

$$u_O = \left(1 + \frac{R_f}{R}\right)\left(\frac{R_2}{R_1 + R_2}u_{IN1} + \frac{R_1}{R_1 + R_2}u_{IN2}\right) \tag{7-30}$$

　　由此可知,该电路能够实现输入信号的加法运算,要求满足 $R_1 /\!/ R_2 = R /\!/ R_f$ 的平衡条件,所以设计及调整电路不如反相输入加法电路方便。但由于同相输入加法电路的输入电阻比反相输入加法电路大,故常用于要求输入电阻大的场合。

　　例 7 - 6　电路如图 7 - 27 所示,设集成运放是理想器件,分别求电阻 $R_P = \infty$ 和 $R_P = 10\ \mathrm{k\Omega}$ 时输出电压 u_O 和输入电压 u_{IN1}、u_{IN2} 的关系式。

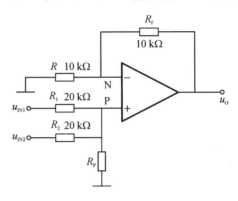

图 7 - 27　例 7 - 6 电路图

　　解　电路为同相输入加法运算电路。$R_P = \infty$ 时,电路与图 7 - 26 电路相同,由式(7 - 30)可得输出电压为

$$u_O = \left(1 + \frac{R_f}{R}\right)\left(\frac{R_2}{R_1 + R_2}u_{IN1} + \frac{R_1}{R_1 + R_2}u_{IN2}\right)$$

$$= \left(1 + \frac{10\ \mathrm{k\Omega}}{10\ \mathrm{k\Omega}}\right)\left(\frac{20\ \mathrm{k\Omega}}{20\ \mathrm{k\Omega} + 20\ \mathrm{k\Omega}}u_{IN1} + \frac{20\ \mathrm{k\Omega}}{20\ \mathrm{k\Omega} + 20\ \mathrm{k\Omega}}u_{IN2}\right)$$

$$= u_{IN1} + u_{IN2}$$

$R_P = 10\ \mathrm{k\Omega}$ 时,可利用结点法求得结点 P 的电压为

$$u_P = \frac{\dfrac{1}{R_1}u_{IN1} + \dfrac{1}{R_2}u_{IN2}}{\dfrac{1}{R_1} + \dfrac{1}{R_2} + \dfrac{1}{R_P}} = \frac{1}{4}u_{IN1} + \frac{1}{4}u_{IN2}$$

输出电压 u_O 为

$$u_O = \left(1 + \frac{R_f}{R}\right)u_P = \frac{1}{2}u_{IN1} + \frac{1}{2}u_{IN2}$$

　　差分比例运算电路如图 7 - 28(a)所示,输入电压 u_{IN1} 和 u_{IN2} 分别由运放的反相端和同相端输入,输出电压 u_O 经电阻 R_f 反馈到反相输入端,可利用叠加定理分析电路。当输入电压 u_{IN1} 单独作用时,电路如图 7 - 28(b)所示,它为反相比例运算电路,则

$$u_O' = -\frac{R_f}{R_1}u_{IN1}$$

输入电压 $u_{\text{IN}2}$ 单独作用时的电路如图 7-28(c)所示，它为同相比例运算电路，得

$$u_{\text{O}}'' = \left(1 + \frac{R_{\text{f}}}{R_1}\right)u_{\text{P}} = \left(1 + \frac{R_{\text{f}}}{R_1}\right)\frac{R_3}{R_2 + R_3}u_{\text{IN}2}$$

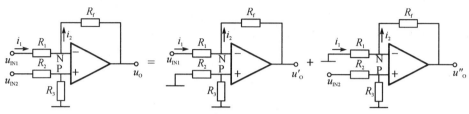

(a) 差分输入运算电　　　　(b) 反相比例算电路　　　　(c) 同相比例运算电路

图 7-28　差分输入运算电路分析

根据叠加定理，得输出电压

$$u_{\text{O}} = -\frac{R_{\text{f}}}{R_1}u_{\text{IN}1} + \left(1 + \frac{R_{\text{f}}}{R_1}\right)\frac{R_3}{R_2 + R_3}u_{\text{IN}2}$$

与反相比例运算电路中的平衡电阻一样，为了使运放两个输入端的对地直流电阻相等，通常要求 $R_1 = R_2$，$R_3 = R_{\text{f}}$，则有

$$u_{\text{O}} = \frac{R_{\text{f}}}{R_1}(u_{\text{IN}2} - u_{\text{IN}1}) \tag{7-31}$$

可见，输出电压 u_{O} 与两个输入电压的差值成比例关系，比例系数为 R_{f}/R_1，故称之为差分比例运算电路。当 $R_1 = R_{\text{f}}$ 时，由式(7-31)可知，该电路输出电压与两个输入电压之间的关系为 $u_{\text{O}} = u_{\text{IN}2} - u_{\text{IN}1}$，可实现信号相减运算。

例 7-7　运算电路如图 7-29 所示，设 A_1、A_2、A_3 都是理想运算放大器，若 $u_{\text{IN}1} = 0.12\ \text{V}$，$u_{\text{IN}2} = 0.08\ \text{V}$，求输出电压 u_{O}。

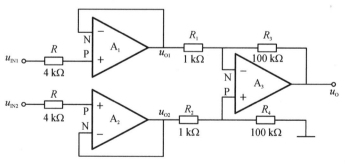

图 7-29　例 7-7 电路图

解　集成运放 A_1 和 A_2 均组成电压跟随器，所以有

$$u_{\text{O}1} = u_{\text{IN}1}，u_{\text{O}2} = u_{\text{IN}2}$$

将 u_{O1} 和 u_{O2} 看作集成运放 A_3 的两个差分输入信号,则 A_3 与电阻 $R_1 \sim R_4$ 组成的电路与图 7-28(a)电路相同,是差分比例运算电路。由于 $R_1 = R_2$,$R_3 = R_4$,则根据式(7-31)可得

$$u_O = \frac{R_3}{R_1}(u_{O2} - u_{O1})$$

$$= \frac{R_3}{R_1}(u_{IN2} - u_{IN1})$$

$$= 100 \times (0.08\ \text{V} - 0.12\ \text{V})$$

$$= -4\ \text{V}$$

使用反相比例运算电路和加法运算电路也可以构成减法运算电路,如图 7-30 所示。运放 A_1 的输出电压为

$$u_{O1} = -\frac{R_2}{R_1}u_{IN1}$$

运放 A_2 输入电压为 u_{O1} 和 u_{IN2},输出电压为 u_O,为

$$u_O = -\frac{R_5}{R_4}u_{O1} - \frac{R_5}{R_3}u_{IN2}$$

$$= \frac{R_2}{R_1}\frac{R_5}{R_4}u_{IN1} - \frac{R_5}{R_3}u_{IN2}$$

若 $R_1 = R_2$,$R_3 = R_4 = R_5$,则有

$$u_O = u_{IN1} - u_{IN2}$$

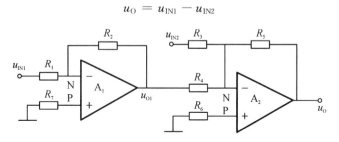

图 7-30　减法运算电路

7.4.3　积分与微分运算电路

积分与微分运算互为逆运算。在自动控制系统中,积分与微分电路常作为参数调节环节;此外,它们还广泛应用于波形的产生和变换以及仪器仪表设计、制造中。

电容 C 的电压与电流关系为

$$i_C = C\frac{\text{d}u_C}{\text{d}t} \tag{7-32}$$

如果把反相比例运算电路的反馈电阻替换成电容,如图 7 - 31(a)所示,则

$$C \frac{du_O}{dt} = -\frac{u_{IN}}{R}$$

$$u_O = -\frac{1}{RC} \int_{-\infty}^{t} u_{IN}(\tau) d\tau \qquad (7-33)$$

其中 RC 为积分时间常数。可以看出,输出电压 u_O 与输入电压 u_{IN} 的积分有关。当计算 $t_1 \sim t$ 时间段的积分值时,式(7 - 33)为

$$u_O = -\frac{1}{RC} \int_{t_1}^{t} u_{IN}(\tau) d\tau + u_O(t_1)$$

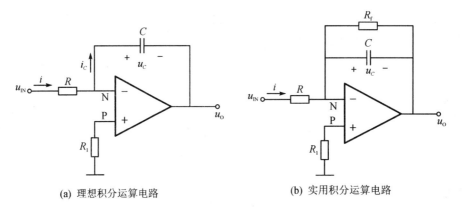

(a) 理想积分运算电路　　　　　　　　(b) 实用积分运算电路

图 7 - 31　积分运算电路

当输入电压 u_{IN} 为常数时,假设电容电压 u_C 初始状态为零,积分运算电路的输入输出电压波形如图 7 - 32 所示。随着时间的推移,输出电压的绝对值将线性增大,其表达式为

$$u_O = -\frac{1}{RC} u_{IN}(t_2 - t_1)$$

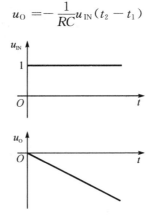

图 7 - 32　积分运算电路的输入输出波形

　　由于电源电压的限制,输出电压最终会达到一个小于电源电压的最大值。此时运放进入饱和状态,u_O 保持不变。为防止输出信号过大,实际应用中常在电容上并联一个大电阻或双向稳压管对输出信号加以限幅,如图 7-31(b) 所示。

　　将图 7-31(a) 所示理想积分电路中的电阻与电容元件互换,就构成理想微分电路,如图 7-33(a) 所示。则有

$$u_O = -RC\,\frac{\mathrm{d}u_{IN}}{\mathrm{d}t}$$

输出电压是输入电压的微分。

　　图 7-33(a) 所示理想微分运算电路的输入信号中如果含有高频噪声信号和干扰,会使电路不稳定。因此,实际应用中常使用图 7-33(b) 所示电路,在输入端串联一个小电阻 R_1,在电阻 R 上并联一个小电容 C_1,以提高电路的稳定性。如果电路输入电压为方波,且 $RC \ll T/2$(T 为方波周期),则输出为尖顶波,如图 7-34 所示。

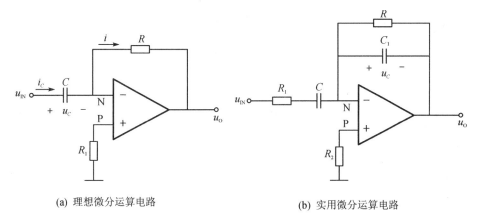

(a) 理想微分运算电路　　　　　　　　　(b) 实用微分运算电路

图 7-33　微分运算电路

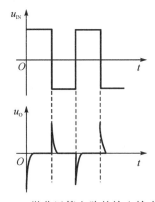

图 7-34　微分运算电路的输入输出波形

例 7 - 8 电路如图 7 - 35 所示，设 A_1、A_2 均为理想运算放大器，求电压 u_O。

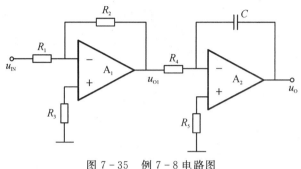

图 7 - 35 例 7 - 8 电路图

解 集成运放 A_1 为反相比例运算电路，则

$$u_{O1} = -\frac{R_2}{R_1} u_{IN}$$

集成运放 A_2 组成积分运算电路

$$u_O = -\frac{1}{R_4 C} \int_{-\infty}^{t} u_{O1}(\tau) \mathrm{d}\tau$$

因此，输入输出关系为

$$u_O = \frac{R_2}{R_1 R_4 C} \int_{-\infty}^{t} u_{IN}(\tau) \mathrm{d}\tau$$

7.4.4 电压与电流的变换

集成运放应用非常广泛，这里仅简要介绍工业检测与控制系统常用的电压-电流变换和电流-电压变换两类电路的典型应用。

在工业控制和许多传感器的应用电路中，模拟信号往往是以电压形式输出。由于电压信号在长距离传输时，很容易受外界干扰而使信号传输不稳定，因此在长距离传输模拟信号时，不能用电压输出方式，而是把电压输出变换成电流输出。另外许多常规工业仪表中，以电流方式配接也要求输出级将电压输出变换成电流输出。

模拟信号常常采用 $4 \sim 20$ mA 标准电流信号进行远距离传输，以提高系统的抗干扰能力。图 7 - 36 是一个把 $0 \sim 5$ V 电压信号变换为 $4 \sim 20$ mA 标准电流信号的典型电路，其中集成运放采用双电源（± 15 V）供电（图中未画出）。输入电压信号最小值为 0 V，而输出电流信号的最小值是 4 mA 而不是零，这就需要零点偏移电路。图中集成运放 A_1 和 A_2 完成了零点偏移任务，集成运放 A_3 实现电压电流变换。为了分析问题方便，假定集成运放是理想器件。

集成运放 A_1 组成反相输入加法电路，反相输入端为"虚地"，可得

$$i_1 + i_2 = i_F$$

$$\frac{1.25 \text{ V}}{R_1} + \frac{u_{IN}}{R_2} = -\frac{u_{O1}}{R_4}$$

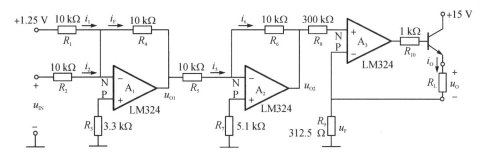

图 7 - 36　(0～5 V) - (4～20 mA)变换电路

代入电阻数值可得 u_{O1} 与 u_{IN} 的关系为

$$u_{O1} = -(u_{IN} + 1.25 \text{ V})$$

集成运放 A_2 组成反相比例电路,输出电压

$$u_{O2} = -u_{O1} = u_{IN} + 1.25 \text{ V}$$

集成运放 A_3 的同相端输入电压为 u_{O2},输出端接晶体管的基极,再由发射极输出,经负载 R_L 和电阻 R_9 反馈到集成运放 A_3 的反相输入端。根据集成运放的"虚短"条件可知

$$u_F = u_{O2} = u_{IN} + 1.25 \text{ V}$$

可得输出电流

$$
\begin{aligned}
i_O &= \frac{u_F}{R_9} \\
&= \frac{u_{IN} + 1.25 \text{ V}}{312.5 \ \Omega} \\
&= 4 \text{ mA} + \frac{u_{IN}}{312.5 \ \Omega}
\end{aligned}
$$

当 $u_{IN} = 0$ V 时,$i_O = 4$ mA;当 $u_{IN} = 5$ V 时,$i_O = 20$ mA;则 0～5 V 电压信号可变换为 4～20 mA 标准电流。

在使用图 7 - 36 所示电路时,有两个约束条件必须注意。

(1)集成运放 A_3(同相输入)有较大的共模输入电压,必须满足 $u_{IN3}(=u_{O2})$ 小于运放的最大共模输入电压 U_{ICM},即

$$u_{IN3} \leqslant U_{ICM}$$

否则电路不能正常工作。图中,集成运放 LM324(±15 V 供电)的最大共模输入电压(参见 7.6 节中表 7.1)为 $U_{ICM} = 13$ V,能满足电路要求。

(2)负载电阻 R_L 不能过大,更不能开路,其大小受到集成运放最大输出电流 I_{OM} 和最大输出电压 U_{OM} 的限制。

因集成运放最大输出电压 U_{OM} 受它的供电电压和饱和电压的限制,R_L 不能无限大。当 R_L 过大时,运放进入非线性区,因此在忽略基极电阻 R_{10} 两端压降的条

件下,必须满足

$$i_{Omax}(R_{Lmax}+R_9)+U_{BE}\leqslant U_{ICM}$$

图中,集成运放 LM324(±15 V 供电)的最大输出电压(参见 7.6 节表 7.1)为 $U_{OM}=13.5$ V,负载电阻的最大值按下式确定:

$$\begin{aligned}R_{Lmax}&\leqslant\frac{U_{OM}-U_{BE}}{i_{Omax}}-R_9\\&=\frac{(13.5-0.7)\text{ V}}{20\text{ mA}}-312.5\ \Omega\\&=327.5\ \Omega\end{aligned}$$

即 R_L 允许在 $0\sim327.5\ \Omega$ 之间变化。

工业检测与控制系统中,在信号接收侧,需要将长距离传输后的 $4\sim20$ mA 标准电流信号变换成 $0\sim5$ V 的电压信号,供数据采集系统接收。另外,某些传感器只能输出电流信号(例如集成温度传感器 AD590),而数据采集系统又需要电压信号,这种环境下也需要电流-电压变换电路。

图 7-37 是一个 $4\sim20$ mA 标准电流信号变换为 $0\sim5$ V 电压信号的典型电路,其中集成运放 LF356 采用双电源(±15 V)供电(图中未画出)。由于输入电流的最小值为 4 mA,输出电压最小值为 0 V,需要在集成运放 A_1 的反相端输入 -10 V 参考电压源实现零点偏移。集成运放 A_1 反相端的另一个输入信号为待转换的电流信号 i_S,这两个信号与集成运放 A_1 以及电阻 R_1、R_2、R_5 组成反相输入加法电路。集成运放 A_2 与外围电阻组成反相比例运算电路。

假定集成运放是理想器件,由图 7-37 可见,集成运放 A_1 的反相输入端为"虚地",则 i_S、i_F 和 4 mA 零点偏移电流三者的 KCL 方程为

$$i_S-4\text{ mA}=i_F$$

集成运放 A_1 的输出电压为

$$\begin{aligned}u_{O1}&=-R_2i_F\\&=-312.5\ \Omega\times(i_S-4\text{ mA})\end{aligned}$$

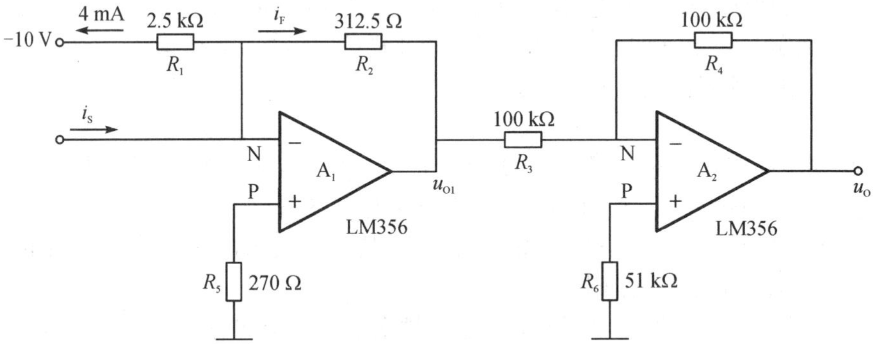

图 7-37　$(4\sim20$ mA$)$-$(0\sim5$ V$)$变换电路

集成运放 A_2 为反相器,则有

$$u_O = -u_{O1}$$
$$= 312.5\ \Omega \times (i_S - 4\ \text{mA})$$

当 $i_S = 4$ mA 时,$u_O = 0$ V;当 $i_S = 20$ mA 时,$u_O = 5$ V。这就可以达到 4~20 mA 标准电流变换为 0~5 V 电压信号的目的。集成运放 A_1 选型时要考虑其负载能力大于 20 mA,LF356 能满足要求。

7.5 对数、乘除等的运算电路

利用具有指数特性的晶体管、乘法器和线性运算放大器,能够实现对数、反对数、乘法、除法等的运算,本节对其作简要介绍。

7.5.1 对数与反对数运算电路

将反相比例运算电路反馈电阻或输入电阻替换成晶体管,就可组成对数或反对数运算电路。对数运算电路可以用对数的方式处理交流输出范围比较大的输入信号,方便测量和记录。利用半导体 PN 结的指数型伏安特性,将晶体管接入运放反馈支路可以构成如图 7-38 所示的对数运算电路。根据输入信号的极性决定晶体管的类型。当 $u_{IN} > 0$ 时,选用 NPN 型晶体管;而 $u_{IN} < 0$ 时,选用 PNP 型晶体管。

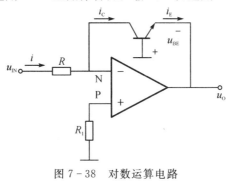

图 7-38 对数运算电路

图 7-38 中,NPN 型晶体管的基极接地,由于集电极"虚地",则 $u_{CB} \approx 0$,$u_{BE} > 0$,集电极电流与发射结电压之间的关系为

$$i_C \approx I_S e^{\frac{u_{BE}}{U_T}} = I_S e^{\frac{u_O}{U_T}}$$

又因

$$i_C = \frac{u_{IN}}{R}$$

则有

$$u_\text{O} \approx - U_\text{T} \ln \frac{u_\text{IN}}{RI_\text{s}} \qquad (7-34)$$

式(7-34)说明输出电压是输入电压的自然对数,且只有 $u_\text{IN} > 0$ 时成立。

反对数运算是对数运算的逆运算,也称为指数运算。只要将对数运算电路的输入支路与反馈支路的元件互换,就可以构成如图 7-39 所示的反对数运算电路。图中将 NPN 型晶体管的基极和集电极接在一起作为输入端,发射极电流与输入电压的关系为

$$i_\text{E} \approx I_\text{s} e^{\frac{u_\text{BE}}{U_\text{T}}} = I_\text{s} e^{\frac{u_\text{IN}}{U_\text{T}}}$$

因

$$i_\text{E} = - \frac{u_\text{O}}{R}$$

联立两式可得

$$u_\text{O} \approx - RI_\text{s} e^{\frac{u_\text{IN}}{U_\text{T}}} \qquad (7-35)$$

式(7-35)表明,输出电压与输入电压成指数关系,即实现了反对数运算。对应图 7-39 所示电路,输入信号 u_IN 必须大于零。如果输入信号小于零,则需选用 PNP 型晶体管。

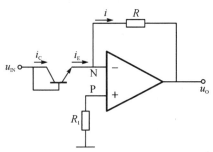

图 7-39　反对数运算电路

上述对数和反对数运算电路的输出电压 u_O 与半导体 PN 结的热电压 U_T 和反向饱和电流 I_s 有关。U_T 和 I_s 都是温度的函数,电路输出电压受温度的影响较大。设计实用对数和反对数运算电路时,需要加入温度补偿电路。

7.5.2　模拟乘法器

模拟乘法器用于实现两个输入信号的相乘运算,它和运放相结合可以构成除法、乘方和开平方运算,同时还广泛地应用于通信、广播、仪表和自动控制等领域。实现两个模拟信号相乘有多种方式,最简单的一种方式就是利用对数运算电路、加法运算电路和反对数运算电路实现,如图 7-40 所示。

图 7 - 40　对数模拟乘法器原理方框图

上述对数运算电路要求输入电压为正(或为负),因此对数模拟乘法器的两输入电压也必须为正(或为负),所以它只能实现单象限乘法运算。若要实现多象限乘法运算,可采用变跨导式模拟乘法器。目前,利用变跨导原理制成的单片集成模拟乘法器的种类很多,性能良好,如美国 AD 公司出品的 AD630、AD633 和 AD734 等。

模拟乘法器的电路符号如图 7 - 41(a)所示,输出电压 u_O 与两路输入电压 u_X 与 u_Y 的关系为

$$u_O = K u_X u_Y \qquad (7-36)$$

式中 K 为比例因子,其值与乘法器的电路参数有关,单位为 V^{-1},$0 < K \leqslant 1$,通常取 $K = 0.1\ \mathrm{V}^{-1}$。与集成运放一样,也有类似的小信号等效电路如图 7 - 41(b)所示。理想条件下,输入电阻 r_{in1}、r_{in2} 为无限大,输出电阻 r_o 等于零,比例因子 K 不随输入信号幅值和频率变化,且无失调电压、失调电流和噪声等影响。这里模拟乘法器在没有特别声明时,均可按理想器件处理。

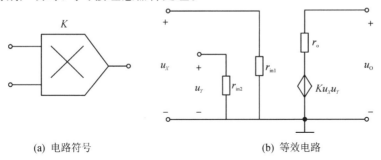

(a) 电路符号　　　　　　　　　　(b) 等效电路

图 7 - 41　模拟乘法器电路符号和等效电路

模拟乘法器可以与不同的外围电路或集成运放构成多种运算电路。

1. 平方运算电路

模拟乘法器的两个输入端接入同一个信号,构成平方运算电路,如图 7 - 42(a)所示,其输出电压为

$$u_O = K u_{IN}^2 \qquad (7-37)$$

2. 开平方运算电路

由模拟乘法器和运算放大电路组成的开平方运算电路如图 7 - 42(b)所示。图中,模拟乘法器的两个输入信号均为 u_O,其输出为 $K u_O^2$。根据集成运放反相端的

KCL 方程,有

$$\frac{u_{IN}}{R} + \frac{Ku_O^2}{R} = 0$$

则

$$u_O = \sqrt{-\frac{u_{IN}}{K}}$$

上式中 $u_{IN} < 0$。

3. 除法运算电路

除法运算电路如图 7 - 42(c)所示,模拟乘法器的两个输入信号分别是 u_{IN2} 和 u_O,因此其输出为 $Ku_{IN2}u_O$,则

$$\frac{u_{IN1}}{R_1} + \frac{Ku_{IN2}u_O}{R_2} = 0$$

$$u_O = -\frac{R_2}{KR_1}\frac{u_{IN1}}{u_{IN2}}$$

输出电压 u_O 与两个输入电压除法运算结果成正比。需要注意,只有当 $u_{IN2} > 0$ 时,才能保证该电路工作稳定。

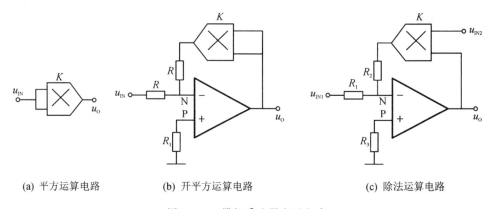

(a) 平方运算电路　　　(b) 开平方运算电路　　　(c) 除法运算电路

图 7 - 42　模拟乘法器应用电路

7.6　集成运算放大器的主要性能指标

了解并选择合适的芯片用于电路,必须学会查阅集成运放的数据手册,理解参数的意义。下面介绍几种主要性能指标。

(1)开环差模电压增益 A_d:集成运放工作在线性区,且无外加负载时的差模电压增益,记作 $A_d = u_O/u_{IN}$,常用分贝(dB)值表示为 $20\lg|A_d|$。通用型集成运放的 A_d 通常在 100 dB($A_d = 10^5$)左右。

(2)差模输入电阻 r_{ind}:差模输入时集成运放的输入电阻。r_{ind} 越大,从信号源

索取的电流越小。

(3)共模抑制比 K_{CMR}:定义为差模电压增益与共模电压增益之比的绝对值,记作 $K_{CMR}=|A_d/A_c|$,常用分贝值表示为 $K_{CMR}=20\lg|A_d/A_c|$。性能好的集成运放,K_{CMR} 可达 120 dB($|A_d/A_c|=10^6$)以上。

(4)输入失调电压 U_{INO}:当信号输入电压为零时(将运放的同相端和反向端短接),由于输入差分对管不能理想对称而引起输出电压不为零。实际中常采用在输入端补偿电压的方法使得输出电压为零,所加的补偿电压就是输入失调电压,其值越小表明电路参数的对称性越好。

(5)输入失调电流 I_{INO}:定义 $I_{INO}=|I_{B+}-I_{B-}|$,其中 I_{B+} 和 I_{B-} 为差分对管的基极偏置电流。产生输入失调电流的主要原因是输入级差分对管的 β 不相等,它反映输入级差分对管输入电流的不对称程度,其值越小表明差分对管的 β 值对称性越好。

(6)输入失调电压和输入失调电流的温漂 du_{INO}/dT、di_{INO}/dT:du_{INO}/dT 是 U_{INO} 的温度系数,di_{INO}/dT 是 I_{INO} 的温度系数。它们越小表明集成运放的温漂越小。

(7)输入偏置电流 I_{INB}:输入级差分对管的基极偏置电流的平均值,即 $I_{INB}=(I_{B+}+I_{B-})/2$。由于输入级差分放大电路的不理想对称性,引起对管的基极偏置电流的不对称,其值越小,信号源内阻对集成运放直流工作点的影响就越小。

(8)最大差模输入电压 U_{IDM}:集成运放加差模信号时,输入级差分放大电路中至少有一个管子的 PN 结承受反向电压。U_{IDM} 是保证 PN 结不会被反向击穿所允许的电压最大值。

(9)最大共模输入电压 U_{ICM}:输入级能正常放大差模信号时允许输入的最大共模输入信号。如果共模输入电压高于此值,集成运放就不能放大差模信号。

(10)最大输出电流 I_{OM}:集成运放所能输出的正向或负向的峰值电流。通常指输出端的短路电流。

(11)最大输出电压 U_{OM}:在特定负载条件下,集成运放输出的最大电压幅度。它与电源电压有关。

(12)开环带宽(−3 dB 带宽)f_H:它是开环差模电压增益 A_d 下降 3 dB(即下降到约 $0.707A_d$)时的信号频率。

(13)单位增益带宽 f_{BWG}:开环差模电压增益 A_d 下降到零分贝($A_d=1$)时信号的频率。

(14)转换速率 S_R:反映了集成运放对高速变化的输入信号的响应程度,它是指在集成运放(运放接成电压跟随器电路)的输入端加入规定的大信号阶跃脉冲时,输出电压随时间变化的最大变化率,定义为

$$S_R=\left|\frac{du_o}{dt}\right|_{max}$$

S_R 越高,表明集成运放的高频性能越好。

表 7-1 给出了部分常用集成运放的典型参数。

表 7-1　部分常用集成运放的典型参数

| 参数 | | | 品种类型 | | | | | | | | |
| 名称 | 符号 | 单位 | 通用型 | | 高精 | 高速 | 高阻 | 宽带 | 低功耗 | 高压 | MOS型 |
			CF007(μA741)	F324(LM324)	OP-177	CF715(μA715)	F3140(CA3140)	F1520(MC1520)	F3078(CA3078)	F143(LM143)	5G14573
开环差模电压增益	A_d	dB	100	100	142	90	100	64	100	105	80
差模输入电阻	r_{ind}	MΩ	2.0		40	1.0	1.5×10^6	2×10^{-3}	0.87	90	10^4
共模抑制比	K_{CMR}	dB	90	70	140	92	90	90	90	90	76
输入失调电压	U_{IO}	mV	2.0	2.0	0.004	2.0	5.0	5.0	0.7	2.0	10
输入失调电流	I_{IO}	nA	100	5.0	0.3	70	5×10^{-4}	2.0	0.5	1.0	0.1
输入偏置电流	I_{IB}	nA	800	45	0.5	400	1×10^{-2}	0.8	7.0	8.0	
U_{IO}的温漂	du_{INO}/dT	μV/℃	20	7.0	0.03		8.0	30	6.0		
I_{IO}的温漂	di_{INO}/dT	nA/℃	1.0	10	1.5×10^{-3}				0.07		
最大差模输入电压	U_{IDM}	V	±30	±13		±15	±8	±8	±6	80	
最大共模输入电压	U_{ICM}	V	±13			±12	+12.5~-15.5	±3	+5.8~-5.5	26	12
最大输出电压	U_{OM}	V	±13	±13.5		±12	+13~-14.4	±4	±5.3	25	12
-3 dB带宽	f_H	Hz	7					10	2×10^3		
单位增益带宽	f_{BWG}	MHz	1.2	1.0	0.6	100	4.5			1.0	2
转换速率	S_R	V/μS	0.5	0.5	0.3	100	9	120	1.5	2.5	2.5
静态功耗	P	mW	100			165	120		0.24	2.0	30
电源电压	$V_{CC}V_{EE}$	V	±9~±18	±1.5~±15(可单电源工作)	±15	±15	±15	±8	±6	±28	±7.5

习题 7

7-1 差分放大电路如题 7-1 图所示,设晶体管 Q_1、Q_2 的 $U_{BE} = 0.7 \text{ V}$,$\beta = 50$。$R_C = 5.1 \text{ k}\Omega$,$R_E = 5.1 \text{ k}\Omega$,$V_{CC} = V_{EE} = 12 \text{ V}$。试估算:

(1)Q_1 和 Q_2 的直流工作点;

(2)差模电压增益 A_d、共模电压增益 A_c;

(3)差模输入电阻 R_{ind}、共模输入电阻 R_{inc} 和输出电阻 R_o;

(4)共模抑制比 K_{CMR}。

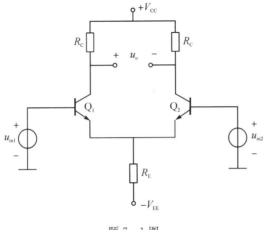

题 7-1 图

7-2 差分放大电路如题 7-2 图所示,晶体管的 $\beta = 50$。

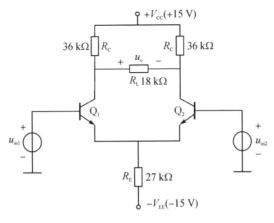

题 7-2 图

(1)求直流工作点 I_C、I_B 和 U_C,并分析直流偏置时,R_L 中是否有电流;

(2)计算差模电压增益 A_d;

(3)计算该电路的差模输入电阻 R_{ind} 和输出电阻 R_o。

7-3 差分放大电路如题 7-3 图所示,Q_1、Q_2 管特性对称,$U_{BE}=0.6$ V,$\beta=60$。

(1)求 Q_2 管的直流工作点 I_{E2} 和 U_{CE2};

(2)求差模电压增益 A_d;

(3)当 $u_{in1}=10$ mV,$u_{in2}=-10$ mV 时,求差模输出电压 u_o。

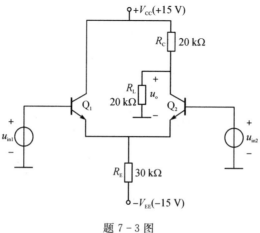

题 7-3 图

7-4 单端输入双端输出的差分放大电路如题 7-4 图所示,设 $\beta_1=\beta_2=100$。试求:

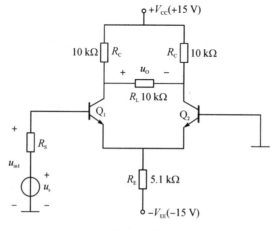

题 7-4 图

(1)若信号源内阻 $R_s = 2\ \text{k}\Omega$，差模电压增益 A_d 为多大？

(2)当 $u_o \geqslant 2\ \text{V}$ 时，u_s 至少应为多大？

(3)此时电路的 K_{CMR} 约为多少？

7-5　单入单出的差分放大电路如题 7-5 图所示。设晶体管参数 $\beta_1 = \beta_2 = 60$，$r_{\pi 1} = r_{\pi 2} = 3\ \text{k}\Omega$。试求：

(1)差模电压增益 A_d、输入电阻 R_{ind} 和输出电阻 R_o；

(2)共模电压增益 A_c 和共模抑制比 K_{CMR}。

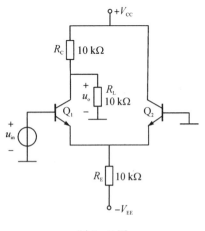

题 7-5 图

7-6　改进型的镜像电流源电路如题 7-6 图所示。试证明当 $\beta_1 = \beta_2 = \beta_3 = \beta$ 时，有

$$I_{C2} = \frac{I_R}{1 + 2/(\beta^2 + \beta)}$$

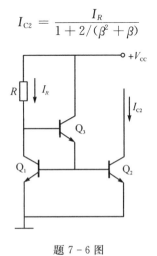

题 7-6 图

7-7　差分放大电路如题 7-7 图所示。已知各晶体管参数 $U_{BE}=0.7\ \text{V}$，$\beta=50$。当 R_W 的滑动端调至最上端时,试求电路的差模电压增益 A_d。

7-8　电路如题 7-8 图所示。已知各晶体管的 $\beta=200$，$U_{BE3}=0.65\ \text{V}$，$I_3=1\ \text{mA}$，$I_4=0.2\ \text{mA}$。试求:

(1) R_1 和 R_E 的值;

(2) 差模电压增益 A_d 和差模输入电阻 R_{ind}。

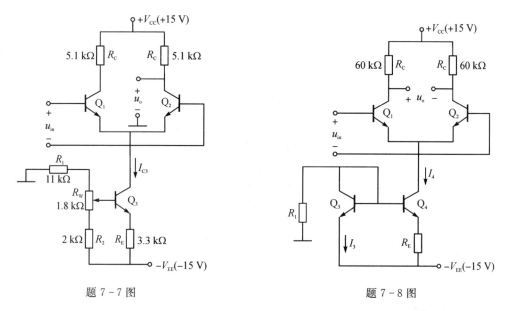

题 7-7 图　　　　　　　　　　　　　题 7-8 图

7-9　电路如题 7-9 图所示。输入电压 $u_{IN}=1\ \text{V}$,设运放为理想器件,在下列条件下求输出电压 u_O 的值。

(1) 开关 S_1 闭合、S_2 断开;

(2) 开关 S_1 和 S_2 均断开;

(3) 开关 S_1 和 S_2 均闭合。

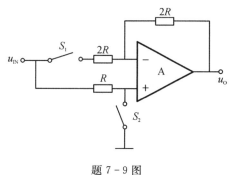

题 7-9 图

7-10　电路如题 7-10 图所示，设运放为理想器件，给出各电路输出电压的表达式。

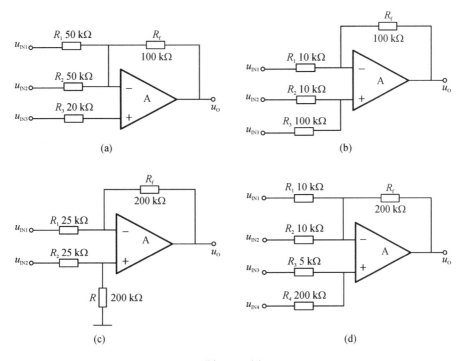

题 7-10 图

7-11　题 7-11 图是一个测量晶体管 β 的电路，假设运放理想，晶体三极管的 $U_{BE} = 0.7\ V$。

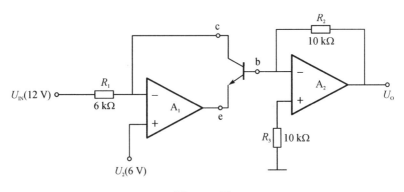

题 7-11 图

(1)求晶体管 c、b、e 各极的电位；

（2）当 $U_O = 200\ mV$，求被测晶体管的 β；

（3）写出被测晶体管的 β 与输出电压的关系；

（4）当运放饱和输出电压为 $\pm10\ V$ 时，被测晶体管 β 的下限是多少？

7-12　如题 7-12 图所示电路中各运放均是理想器件，各电阻均为 $1\ k\Omega$，输入电压 $u_{IN} = 1\ V$。计算各电路的输出电压 u_O。

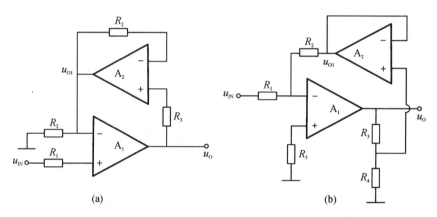

题 7-12 图

7-13　电路如题 7-13 图所示，A_1 和 A_2 均为理想运算放大器。试求 u_O。

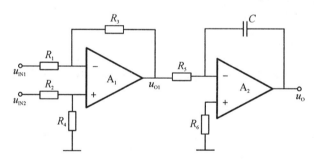

题 7-13 图

7-14　试利用一个集成运算放大器和若干其他元件（电容可选用 $1\ \mu F$）实现如下关系运算（电压单位为 V）：

（1）$u_O = -3u_{IN1} + 2u_{IN2}$

（2）$u_O = -10\int u_{IN1}\,dt - 5\int u_{IN2}\,dt$

7-15 在题 7-15 图所示电路中,设所用器件均具有理想特性,$u_{IN1} > 1$ V。

(1)分别写出 u_{O1} 和 u_O 的表达式;

(2)指出该电路是何种运算电路。

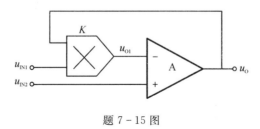

题 7-15 图

第8章 一阶和二阶电路的瞬态

电路存在储能元件时,储能元件吸收和释放能量不能在瞬间完成,响应不具有即时性。譬如,用直流电压源经电阻给电容器充电,充电需要一定的时间,充电完成后电容器上的电压等于直流源电压。分析电路的瞬态非常重要,电压和电流的瞬时值有可能大于稳态值。

存在储能元件的电路用微分方程描述,微分方程是一阶的称为一阶电路,是 N 阶的称为 N 阶电路。本章介绍一阶电路和二阶电路的瞬态。

8.1　电压和电流的初值

实际电路中常常存在开关,如刀开关、继电器以及工作在开关方式的二极管、晶体管、晶闸管等。理想开关的通态电阻为零,断态电导为零,"通/断"切换所需的时间为零,即开关在瞬间完成通断状态的切换。今后,把开关的切换和元件值的突变统称为换路。不失一般性,设换路发生在 $t=0$ 时刻,并记换路前瞬间为 $t=0^-$ $(t=0-\varepsilon)$,换路后瞬间为 $t=0^+$ $(t=0+\varepsilon)$,其中 ε 表示趋近于零的正数。

由电容元件的 VCR,有

$$u_C(t) = u_C(t_0) + \frac{1}{C}\int_{t_0}^t i_C(\tau)\mathrm{d}\tau$$

若换路前瞬间的电容电压 $u_C(0^-)$ 已知,则电容电压的初值 $u_C(0^+)$ 为

$$u_C(0^+) = u_C(0^-) + \frac{1}{C}\int_{0^-}^{0^+} i_C(\tau)\mathrm{d}\tau$$

上式中积分的积分区间无限小,若电容电流 $i_C(t)$ 在换路瞬间有界,则其积分一定为零,故而

$$u_C(0^+) = u_C(0^-) \tag{8-1}$$

上式表明:在换路瞬间,若流经电容的电流有界,则电容上电压一定连续,或者说电容上电压不能突变。

类似地,由电感元件的 VCR,有

$$i_L(t) = i_L(t_0) + \frac{1}{L}\int_{t_0}^t u_L(\tau)\mathrm{d}\tau$$

则

$$i_L(0^+) = i_L(0^-) + \frac{1}{L}\int_{0^-}^{0^+} u_L(\tau)\mathrm{d}\tau$$

若电感上电压 $u_L(t)$ 在 $0^- < t < 0^+$ 内有界,则其积分一定为零,故而

$$i_L(0^+) = i_L(0^-) \tag{8-2}$$

即:若电感上电压有界,则流经电感的电流一定连续,或者说流经电感的电流不能突变。换路瞬间电容电压和电感电流均不能突变,这被称为换路定律。

电压和电流在换路后瞬间的值被称为初值。初值不仅与输入有关,还与换路前瞬间储能元件的储能有关。初值的求解步骤如下:

(1)用换路前的电路求出 $t = 0^-$ 时刻的电容电压 $u_C(0^-)$ 和电感电流 $i_L(0^-)$。对直流电路,电容元件等同于开路,电感元件等同于短路。

(2)在换路瞬间,若电容电流和电感电压均有界,则 $u_C(0^+) = u_C(0^-)$, $i_L(0^+) = i_L(0^-)$。其他电压和电流的初值用 $t = 0^+$ 时刻的电路求解,在该时刻,电容元件等同于电压为 $u_C(0^+)$ 的电压源,电感元件等同于电流为 $i_L(0^+)$ 的电流源。

例 8-1　电路如图 8-1 所示,设开关 S 闭合已久,$t = 0$ 时断开,求 $u_L(0^+)$ 和 $i_C(0^+)$。

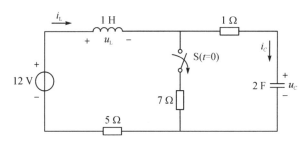

图 8-1　例 8-1 图

解　$t < 0$ 时是直流电路,电感等同于短路,电容等同于开路,求得

$$i_L(0^-) = \frac{12\,\mathrm{V}}{7\,\Omega + 5\,\Omega} = 1\,\mathrm{A}$$

$$u_C(0^-) = 7\,\Omega \times i_L(0^-) = 7\,\mathrm{V}$$

在换路瞬间,该电路中的电感电流和电容电压连续,则

$$i_L(0^+) = i_L(0^-) = 1\,\mathrm{A}$$

$$u_C(0^+) = u_C(0^-) = 7\,\mathrm{V}$$

在 $t = 0^+$ 时刻,开关 S 已断开,等效电路如图 8-2 中所示,则流经电容的电流为

$$i_C(0^+) = 1\,\mathrm{A}$$

由回路 KVL,电感上的电压为

$$u_L(0^+) = 12\,\mathrm{V} - 7\,\mathrm{V} - (1\,\Omega + 5\,\Omega) \times 1\,\mathrm{A}$$

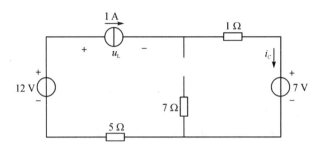

图 8-2　图 8-1 所示电路换路后瞬间的等效表示

即

$$u_L(0^+) = -1 \text{ V}$$

由计算结果看出,该电路中,在换路瞬间,电容电流和电感电压均发生了突变。

8.2　一阶 *RC* 串联电路的瞬态

一阶 *RC* 串联电路如图 8-3 所示,设开关 S 在 $t=0$ 时刻闭合,换路前瞬间的电容电压 $u_C(0^-)$ 已知。根据电容电压的连续性可知,电容电压的初值 $u_C(0^+) = u_C(0^-)$。若 $u_C(0^+) \neq U_S$,回路中就有电流流动。若 $U_S > u_C(0^+)$,则 $i(0^+) > 0$,电源通过电阻对电容充电,随时间推移,电容上的电压 $u_C(t)$ 单调增,电阻上电压 $u_R(t)$ 和回路电流 $i(t)$ 单调减,电容的充电速度逐渐变缓。若 $u_C(0^+) > U_S$,则电容放电,随时间推移,$u_C(t)$ 单调减,$|u_R(t)|$ 和 $|i(t)|$ 减小,电容的放电速度逐渐变缓。无论何种情况,经过一定时间后,电容上的电压 $u_C(t)$ 最终升至或降至 U_S 的值,电流 $i(t)$ 变为零,所有电压和电流不再变化,电容充电或放电过程结束,电路进入直流稳态,这时,电容元件等同于开路。

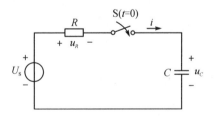

图 8-3　一阶 *RC* 串联电路

换路后,依据电容元件的 VCR,有

$$\frac{\mathrm{d}u_C(t)}{\mathrm{d}t} = \frac{1}{C}i(t)$$

由电阻元件的 VCR 及回路 KVL,电流

$$i(t) = \frac{U_s - u_C(t)}{R}$$

从以上两式得

$$\frac{\mathrm{d}u_C(t)}{\mathrm{d}t} + \frac{1}{RC}u_C(t) = \frac{1}{RC}U_s \qquad (8-3)$$

式(8-3)是常系数一阶微分方程,其解等于齐次解与非齐次微分方程特解的和。
其中:齐次解的通解是令方程右端等于零时的解,与电路输入无关,电路中称其为
固有响应或自由响应(nature response);特解是非齐次微分方程的一个特殊解,与
电路的输入有关,而与初值无关,电路中称其为强制响应(forced response)。即

$$响应 = 强制响应 + 固有响应$$

设用 u_{Cn} 表示电容电压的固有响应

$$\frac{\mathrm{d}u_{Cn}}{\mathrm{d}t} + \frac{1}{RC}u_{Cn} = 0 \qquad (8-4)$$

式(8-4)的解为指数函数,可设

$$u_{Cn} = Ae^{st} \qquad (8-5)$$

其中 A 和 s 为待定常数。把式(8-5)代入式(8-4)中,有

$$\left(s + \frac{1}{RC}\right)Ae^{st} = 0$$

即 $s = -\dfrac{1}{RC}$,于是

$$u_{Cn} = Ae^{-\frac{t}{RC}} \qquad (8-6)$$

设用 u_{Cf} 表示 $u_C(t)$ 的强制响应,微分方程右端为恒定值时它也为恒定值,求得

$$u_{Cf} = U_s \qquad (8-7)$$

则

$$u_C(t) = u_{Cf} + u_{Cn} = U_s + Ae^{-\frac{t}{RC}} \qquad (8-8)$$

由式(8-8),固有响应随时间推移衰减,衰减的快慢与电容值和电阻值的乘积有
关。令 $\tau = RC$,量纲单位为 s,称为电路的时间常数,它是表征一阶电路特性的一个
很重要的物理量。由于

$$u_{Cn}(t+\tau) = e^{-1}u_{Cn}(t) = 0.368u_{Cn}(t)$$

即每经过 τ 时间,$u_{Cn}(t)$ 衰减 36.8%,可计算出

$$u_{Cn}(3\tau) = e^{-3}u_{Cn}(0^+) \approx 0.05u_{Cn}(0^+)$$

$$u_{Cn}(5\tau) = e^{-5}u_{Cn}(0^+) \approx 0.007u_{Cn}(0^+)$$

u_{Cn} 的波形如图 8-4 所示。由式(8-4)或式(8-6)可得

$$\frac{\mathrm{d}u_{Cn}}{\mathrm{d}t} = -\frac{u_{Cn}}{\tau}$$

该式表明:在任一时刻,u_{Cn}的变化率(即波形的斜率)等于u_{Cn}/τ的负值。

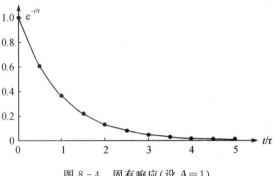

图 8-4 固有响应(设 $A=1$)

严格说来,电路只有经历无限长时间 u_{Cn} 才衰减至零,但由于 $u_{Cn}(3\tau)$ 约为 $u_{Cn}(0^+)$ 的 5%,$u_{Cn}(5\tau)$ 已不到 $u_{Cn}(0^+)$ 的 1%,固有响应衰减的持续时间在电子电路中一般取为 3τ,在电气工程中一般取为 5τ。当 $R=1\,\mathrm{k\Omega},C=1\,\mu\mathrm{F}$ 时,相应的时间常数 $\tau=RC=1\,\mathrm{ms}$,一般来说,u_{Cn} 的持续时间非常短暂。时间常数 τ 越小,u_{Cn} 的衰减速度越快,如图 8-5 所示。

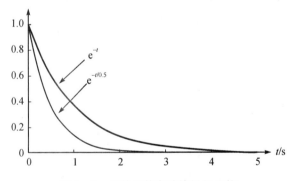

图 8-5 指数函数衰减快慢的比较

式(8-8)中的常数 A 用初值 $u_C(0^+)$ 确定,令该式中 $t=0^+$,有
$$u_C(0^+) = U_s + A$$
得
$$A = u_C(0^+) - U_s$$
把上式中 A 的值代入式(8-8)中,得
$$u_C(t) = U_s + [u_C(0^+) - U_s]\mathrm{e}^{-t/\tau} \qquad (8-9)$$
式(8-9)则为 $t>0$ 时 $u_C(t)$ 的定解表达式。

电容电压 $u_C(t)$ 求出后,由电路求得电阻上电压 $u_R(t)$ 为

$$u_R(t) = U_S - u_C(t) = [U_S - u_C(0^+)]e^{-t/\tau} \qquad (8-10)$$

显然,$u_R(t)$ 只有固有响应。$u_C(0^+)=0$ 时的 $u_C(t)$ 和 $u_R(t)$ 分别为

$$u_C(t)\mid_{u_C(0^+)=0} = U_S - U_S e^{-t/\tau}$$

$$u_R(t)\mid_{u_C(0^+)=0} = U_S e^{-t/\tau}$$

波形如图 8-6 所示。

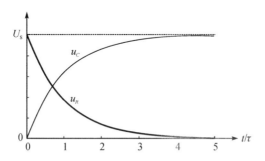

图 8-6　电容电压和电阻电压的波形

例 8-2　电路如图 8-7 所示,设开关 S 闭合已久,$t=0$ 时断开。求开关 S 断开后的电容电压 $u_C(t)$。

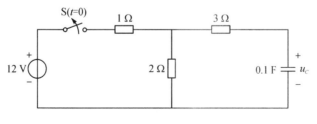

图 8-7　例 8-2 图

解　开关 S 断开前的电路为直流电路,故电容元件等同于开路,$u_C(0^-)$ 等于 2 Ω 电阻上的电压,则

$$u_C(0^-) = \frac{2}{1+2} \times 12 \text{ V} = 8 \text{ V}$$

$$u_C(0^+) = u_C(0^-) = 8 \text{ V}$$

$t>0$ 时,电压源被断开,电路无输入,故响应中只有固有响应,电路中的电压和电流均从初值开始按指数规律衰减。3 Ω 电阻与 2 Ω 电阻串联,其等效电阻 R 为

$$R = 3\,\Omega + 2\,\Omega = 5\,\Omega$$

电路的时间常数

$$\tau = RC = 5\ \Omega \times 0.1\ \mathrm{F} = 0.5\ \mathrm{s}$$

$t>0$ 时电容上的电压 $u_C(t)$ 为

$$u_C(t) = u_C(0^+)\mathrm{e}^{-t/\tau} = 8\mathrm{e}^{-2t}\ \mathrm{V}$$

8.3　一阶电路瞬态响应的通用公式

若用 $x(t)$ 表示某一个一阶 RC 电路中的电压或电流,由以上分析,它由强制响应和固有响应组成,可表示为

$$x(t) = x_{\mathrm{f}} + A\mathrm{e}^{-t/\tau} \qquad (t \geqslant 0^+) \tag{8-11}$$

时间常数 $\tau = RC$,其中 C 为电容元件的电容值,R 为电路在储能元件两端的戴维南电阻。

对直流源作用的电路,强制响应 x_{f} 为恒定值,它是 $t \to \infty$ 时 $x(t)$ 的解,许多教材中也将其表示为 $x(\infty)$,称之为直流稳态解。固有响应 $A\mathrm{e}^{-t/\tau}$ 随时间推移衰减(注:本章中均假设 $\tau>0$),在 $t>3\tau$ 之后可忽略不计,故称为暂态解。故而响应由稳态解和暂态解组成,即

响应 ＝ 稳态解 ＋ 暂态解

当电路没有输入时,响应中只有暂态解。对存在稳态解的电路,上式都适用。

令式(8-11)中 $t=0^+$,得常数 $A=x(0^+)-x_{\mathrm{f}}(0^+)$,则

$$x(t) = x_{\mathrm{f}} + [x(0^+) - x_{\mathrm{f}}(0^+)]\mathrm{e}^{-t/\tau} \qquad (t \geqslant 0^+) \tag{8-12}$$

$x(0^+)$ 是 $x(t)$ 的初值,注意 $x(0^+)$ 不一定等于 $x(0^-)$,除非是电容上电压,电路初值的求解见 8.1 节内容。

式(8-12)称为一阶电路瞬态响应的通用公式,包含三个量:强制响应 x_{f}、初值 $x(0^+)$ 和时间常数 τ,常称之为三要素公式。读者可自行检验,一阶 RC 串联电路中的电压和电流都符合通用公式。

例 8-3　电路如图 8-8 所示,设开关 S 断开已久,$t=0$ 时闭合,利用一阶电路瞬态响应的通用公式求 $t>0$ 时电容上的电压 $u_C(t)$。

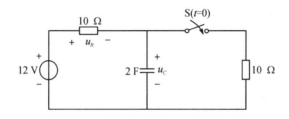

图 8-8 例 8-3 图

解　开关 S 闭合前电容等同于开路,则 $u_C(0^+) = u_C(0^-) = 12\,\mathrm{V}$。开关 S 闭合后,确定直流稳态解的电路如图 8-9(a)所示,则

$$u_{Cf} = \frac{10}{10+10} \times 12\,\mathrm{V} = 6\,\mathrm{V}$$

求解电路在电容元件两端的戴维南电阻的电路如图 8-9(b)所示,则

$$R = 10\,\Omega \;/\!/\; 10\,\Omega = 5\,\Omega$$

故电路的时间常数

$$\tau = RC = 5\,\Omega \times 2\,\mathrm{F} = 10\,\mathrm{s}$$

由通用公式,$t > 0$ 时的电容电压 $u_C(t)$ 为

$$
\begin{aligned}
u_C(t) &= u_{Cf} + [u_C(0^+) - u_{Cf}(0^+)]\mathrm{e}^{-t/\tau} \\
&= 6 + [12 - 6]\mathrm{e}^{-t/10} \\
&= 6 + 6\mathrm{e}^{-t/10}\ \mathrm{V}
\end{aligned}
$$

可见,换路后,$u_C(t)$ 按上式规律从初值 12 V 降至稳态值 6 V。

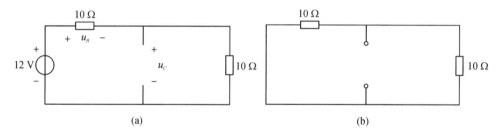

(a)　　　　　　　　　　　　　　　　　(b)

图 8-9　求解稳态响应和戴维南电阻的电路

例 8-4　电路如图 8-10 所示,开关 S 断开已久,$t=0$ 时闭合,求 $t > 0$ 时的输出电压 $u(t)$。

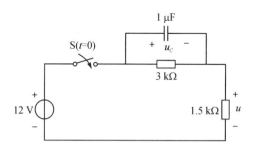

图 8-10　例 8-4 图

解　电容无初始储能,故

$$u_C(0^+) = u_C(0^-) = 0$$

根据 $t=0^+$ 时刻的电路,输出电压 $u(t)$ 的初值为

$$u(0^+) = 12 \text{ V} - u_C(0^+) = 12 \text{ V}$$

换路后,$u(t)$ 的稳态解为(把电容元件开路)

$$u_f = \frac{1.5}{3+1.5} \times 12 \text{ V} = 4 \text{ V}$$

戴维南电阻和时间常数 τ 分别为

$$R = \frac{1.5 \times 3}{1.5 + 3} \text{ k}\Omega = 1 \text{ k}\Omega$$

$$\tau = RC = 10^{-3} \text{ s}$$

于是

$$u(t) = u_f + [u(0^+) - u_f(0^+)]e^{-t/\tau} = 4 + 8e^{-10^3 t} \text{ V} \qquad (t > 0)$$

8.4　零状态响应

上节从微分方程求解总结出,电路响应由强制响应和固有响应组成,或者由稳态解与暂态解组成。如果从产生响应的因素考虑,电路响应是外部输入和储能元件的初始储能共同作用的结果,后者相当于电路的"内部输入"。储能元件无初始储能条件下,仅由外部输入产生的瞬态称为零状态响应(zero state response);电路外部输入置零条件下,仅由储能元件的初始储能产生的瞬态称为零输入响应(zero input response)。在信号处理类电路中,人们关注的重点是电路如何将外部输入信号运算为所需要的输出信号,此外,常常利用某一基本信号作用下的零状态响应求解其他复杂信号作用下的零状态响应,因而零状态响应的概念非常重要。

以图 8-11 所示的 RC 串联电路为例,利用一阶电路瞬态响应通用公式,$t > 0$ 时的电容电压 $u_C(t)$ 为

$$u_C(t) = U_S + [u_C(0^+) - U_S]e^{-t/\tau} \qquad (8-13)$$

由于 $u_C(0^+) = u_C(0^-)$,有

$$u_C(t) = U_S(1 - e^{-t/\tau}) + u_C(0^-)e^{-t/\tau} \qquad (8-14)$$

该式表明:响应是电路的外部输入 U_S 和电容初始电压 $u_C(0^-)$ 共同产生的,$u_C(0^-)$ 不为零时说明电容元件有初始储能,$u_C(t)$ 的零状态响应 $u_{CZS}(t)$ 和零输入响应 $u_{CZI}(t)$ 分别为

$$u_{CZS}(t) = U_S(1 - e^{-t/\tau})$$

$$u_{CZI}(t) = u_C(0^-)e^{-t/\tau}$$

可见,电路的瞬态响应也可分解为

响应 = 零状态响应 + 零输入响应

这是线性电路叠加性的必然结果。无论把响应分解为强制响应和固有响应,还是

零状态响应和零输入响应,只是分解的角度不同,它们都是响应的特殊形式。一阶电路中的零输入响应总是按指数规律衰减。

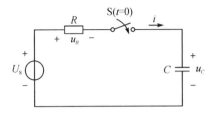

图 8 - 11　RC 串联电路

图 8 - 11 所示电路中,$u_C(t)$ 的零状态响应为(省去下角标"ZS")

$$u_C(t) = U_s - U_s e^{-t/\tau} \tag{8-15}$$

随时间推移,$u_C(t)$ 从零值单调增,即电容一直处于充电状态,波形如图 8 - 12 所示,$u_C(t)$ 的稳态值 $u_C(\infty) = U_s$。在 $t = 3\tau$ 处,$u_C(t)$ 与稳态值 $u_C(\infty)$ 的相对误差为

$$\frac{u_C(3\tau) - u_C(\infty)}{u_C(\infty)} = -e^{-3} \approx -5\%$$

即在 $t = 3\tau$ 处,$u_C(t)$ 已非常接近稳态值。

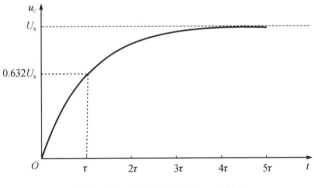

图 8 - 12　电容电压的零状态响应

电路到达稳态后电容元件储存的电场能量为

$$W_C = \frac{1}{2}Cu_C^2(\infty) = \frac{1}{2}CU_s^2$$

在整个充电过程中,理想电压源提供的能量为

$$W_s = \int_{0^+}^{\infty} U_s i(t)\mathrm{d}t = CU_s \frac{1}{C}\int_{0^+}^{\infty} i(t)\mathrm{d}t = CU_s u_C(\infty)$$

由于 $u_C(\infty) = U_s$,故

$$W_s = CU_s^2$$

可见,理想电压源提供的能量只有一半储存在电容中,而另一半被电阻 R 所消耗,且与电阻值无关。

　　例 8 - 5　电路如图 8 - 13 所示,虚框内为实际电源的电路模型,设开关 S 闭合已久,$t=0$ 时断开。求:(1)开关 S 断开后的电容电压 $u_C(t)$;(2)电容充电结束后它储存的能量与实际电源在整个充电过程中所发出能量的比值。

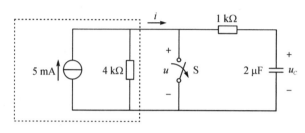

图 8 - 13　例 8 - 5 图

　　解　(1)本例中,电容元件没有初始储能,故
$$u_C(0^+) = u_C(0^-) = 0 \text{ V}$$
稳态时电容等同于开路,则 $u_C(t)$ 的直流稳态解 u_{Cf} 为
$$u_{Cf} = 4 \text{ k}\Omega \times 5 \text{ mA} = 20 \text{ V}$$
戴维南电阻
$$R = 1 \text{ k}\Omega + 4 \text{ k}\Omega = 5 \text{ k}\Omega$$
电路的时间常数
$$\tau = RC = 5 \text{ k}\Omega \times 2 \text{ μF} = 0.01 \text{ s}$$
由通用公式,$t > 0$ 时的电容电压 $u_C(t)$ 为
$$u_C(t) = u_{Cf} + [u_C(0^+) - u_{Cf}(0^+)]e^{-t/\tau} = 20 - 20e^{-100t} \text{ V}$$
虚框所示电源发出的能量用电流 $i(t)$ 和电压 $u(t)$ 求解,由电容元件的约束得
$$i(t) = C \frac{\mathrm{d}u_C(t)}{\mathrm{d}t} = 4e^{-100t} \text{ mA}$$
电压 $u(t)$ 为
$$u(t) = 4 \text{ k}\Omega[5 \text{ mA} - i(t)] = 20 - 16e^{-100t} \text{ V}$$
换路后电源发出的总能量为
$$W = \int_{0^+}^{\infty} u(t)i(t)\mathrm{d}t = \int_{0^+}^{\infty} (20 - 16e^{-100t})(4e^{-100t})\mathrm{d}t$$
$$= \int_{0^+}^{\infty} (80e^{-100t} - 64e^{-200t})\mathrm{d}t$$
$$= 0.48 \text{ mJ}$$
充电结束后电容元件的储能为

$$W_C = \frac{1}{2}Cu_{Cf}^2 = \frac{1}{2} \times 2 \times 10^{-6} \times 20^2 \text{ J} = 0.4 \text{ mJ}$$

故

$$\frac{W_C}{W} = \frac{0.4}{0.48} = 0.833$$

则充电效率是 83.3%。

例 8-6　电路如图 8-14 所示,已知 $U_s = 12$ V,$R_1 = 1$ Ω,$R_2 = 2$ Ω,$R_3 = 3$ Ω,$C = 0.5$ F,设开关 S 断开已久,$t = 0$ 时闭合。求电流 $i(t)$ 的零输入响应和零状态响应。

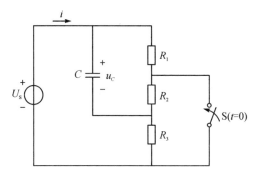

图 8-14　例 8-6 图

解　(1)零输入响应

换路前瞬间的电容电压为

$$u_C(0^-) = \frac{R_1 + R_2}{R_1 + R_2 + R_3}U_s = 6 \text{ V}$$

把独立源置零,只考虑 $u_C(0^-) = 6$ V 产生的响应。电容电压的初值

$$u_C(0^+) = u_C(0^-) = 6 \text{ V}$$

独立源置零时 R_1 被短路,R_2 与 R_3 并联,这时的电流初值

$$i(0^+) = -\frac{u_C(0^+)}{R_2 /\!/ R_3} = -\frac{6 \text{ V}}{\frac{2 \times 3}{2 + 3} \text{ Ω}} = -5 \text{ A}$$

戴维南电阻和时间常数分别为

$$R = R_2 /\!/ R_3 = \frac{6}{5} \text{ Ω}$$

$$\tau = RC = \frac{6}{5} \text{ Ω} \times 0.5 \text{ F} = \frac{3}{5} \text{ s}$$

故电流 $i(t)$ 的零输入响应 $i_{ZI}(t)$ 为

$$i_{ZI}(t) = i(0^+)e^{-t/\tau} = -5e^{-\frac{5}{3}t} \text{ A} \qquad\qquad (8-16)$$

（2）零状态响应

令 $u_C(0^-)=0\,\text{V}$，只考虑输入电压源产生的响应。在 $t=0^+$ 时刻，由于 $u_C(0^+)=u_C(0^-)=0\,\text{V}$，故电容元件等同于短路，从电压源处看入的等效电阻

$$R'=R_1\ /\!/\ R_2\ /\!/\ R_3=\frac{1}{\frac{1}{1}+\frac{1}{2}+\frac{1}{3}}\,\Omega=\frac{6}{11}\,\Omega$$

则零状态情况下电流 $i(t)$ 的初值

$$i(0^+)=\frac{U_s}{R'}=22\,\text{A}$$

电流 $i(t)$ 的直流稳态解

$$i_f=\frac{U_s}{R_1}=12\,\text{A}$$

于是，$i(t)$ 的零状态响应 $i_{ZS}(t)$ 为

$$\begin{aligned}i_{ZS}(t)&=i_f+[i(0^+)-i_f(0^+)]e^{-t/\tau}\\&=12+[22-12]e^{-\frac{5}{3}t}\,\text{A}\\&=12+10e^{-\frac{5}{3}t}\,\text{A}\end{aligned}\quad(8-17)$$

注意：根据定义，本例中 $i(t)$ 的零状态响应并不是 $i(0^-)$ 等于零的响应，而是电容初始储能为零的响应。

由以上得电流 $i(t)$ 的全响应为

$$i(t)=i_{ZS}(t)+i_{ZI}(t)=12+5e^{-\frac{5}{3}t}\,\text{A}\quad(8-18)$$

读者可以利用图 8-14 进行检验，$i(t)$ 的初值 $i(0^+)=17\,\text{A}$。

本例也可把电容电压的初值以符号形式表示，求出电流 $i(t)$ 的全响应，再从全响应表达式得到零输入响应和零状态响应。电流 $i(t)$ 的初值、直流稳态解和时间常数分别为

$$i(0^+)=\frac{U_s}{R_1}+\frac{U_s-u_C(0^+)}{R_2\ /\!/\ R_3}=22-\frac{5}{6}u_C(0^+)\,\text{A}$$

$$i_f=\frac{U_s}{R_1}=12\,\text{A}$$

$$\tau=RC=(R_2\ /\!/\ R_3)C=\frac{3}{5}\,\text{s}$$

由一阶电路瞬态响应的通用公式，有

$$\begin{aligned}i(t)&=i_f+[i(0^+)-i_f(0^+)]e^{-t/\tau}\\&=12+[22-\frac{5}{6}u_C(0^+)-12]e^{-\frac{5}{3}t}\\&=12+10e^{-\frac{5}{3}t}-\frac{5}{6}u_C(0^+)e^{-\frac{5}{3}t}\,\text{A}\end{aligned}$$

用换路前的电路求出电容电压的初值

$$u_C(0^+) = u_C(0^-) = \frac{R_1 + R_2}{R_1 + R_2 + R_3} U_S = 6 \text{ V}$$

由电流 $i(t)$ 的全响应表达式得零状态响应和零输入响应分别为

$$i_{ZS}(t) = 12 + 10\text{e}^{-\frac{5}{3}t} \text{ A}$$

$$i_{ZI}(t) = -\frac{5}{6} u_C(0^+)\text{e}^{-\frac{5}{3}t} = -5\text{e}^{-\frac{5}{3}t} \text{ A}$$

8.5 一阶 RL 电路的瞬态

图 8 - 15 所示一阶 RL 串联电路,设 $t=0$ 时电源电压 u_S 从 U_{S0} 跃变为 U_S,即

$$u_S(t) = \begin{cases} U_{S0} & (t < 0) \\ U_S & (t > 0) \end{cases} \tag{8-19}$$

由于电源电压的跃变,$t>0$ 时电路中的电压和电流将发生变化,下面对其分析。

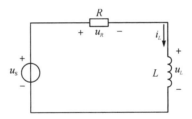

图 8 - 15 一阶 RL 串联电路

$t<0$ 时,电路中的电压和电流均为恒定值,电感元件等同于短路,由此得 $t=0^-$ 时刻的电感电流 $i_L(0^-)$ 为

$$i_L(0^-) = \frac{U_{S0}}{R}$$

根据电感电流的连续性,$i_L(0^+) = i_L(0^-)$。在 $t=0^+$ 时刻,电源电压为 U_S,电阻和电感上电压分别为

$$u_R(0^+) = Ri_L(0^+)$$

$$u_L(0^+) = U_S - u_R(0^+) = U_S - Ri_L(0^+)$$

$t>0$ 时的电路约束为

$$\begin{cases} \dfrac{\text{d}i_L(t)}{\text{d}t} = \dfrac{1}{L}u_L(t) \\ u_L(t) = U_S - Ri_L(t) \end{cases}$$

由此得以电感电流 $i_L(t)$ 为变量的微分方程为

$$\frac{\mathrm{d}i_L(t)}{\mathrm{d}t} + \frac{R}{L}i_L(t) = \frac{U_\mathrm{s}}{L} \tag{8-20}$$

或

$$\frac{\mathrm{d}i_L(t)}{\mathrm{d}t} + \frac{1}{\tau}i_L(t) = \frac{U_\mathrm{s}}{R\tau} \tag{8-21}$$

式(8-21)是常系数一阶微分方程,其中 $\tau = L/R$,称为一阶 RL 电路的时间常数,它与 L 成正比,与 R 成反比。若 $L=1\,\mathrm{mH}$, $R=10\,\Omega$,则 $\tau=0.1\,\mathrm{ms}$ 。解一阶微分方程,得 $i_L(t)$ 为

$$i_L(t) = \frac{U_\mathrm{s}}{R} + A\mathrm{e}^{-t/\tau} \tag{8-22}$$

其中 $\dfrac{U_\mathrm{s}}{R}$ 是稳态解(稳态时电感等同于短路), $A\mathrm{e}^{-t/\tau}$ 是暂态解。

　　一阶 RL 电路的响应 $x(t)$ 可表示为

$$x(t) = x_\mathrm{f} + A\mathrm{e}^{-t/\tau} \tag{8-23}$$

令上式中 $t=0^+$,可得常数 $A = x(0^+) - x_\mathrm{f}(0^+)$,故

$$x(t) = x_\mathrm{f} + [x(0^+) - x_\mathrm{f}(0^+)]\mathrm{e}^{-t/\tau} \tag{8-24}$$

$x(0^+)$ 是 $x(t)$ 的初值,注意 $x(0^+)$ 不一定等于 $x(0^-)$,除非是电感中的电流。时间常数 $\tau = L/R$,其中 R 为电路在储能元件两端的戴维南电阻。对直流源作用的电路, x_f 为直流稳态解,它是电感元件短路时 $x(t)$ 的解。

　　对图 8-15 所示电路,由式(8-24)得

$$i_L(t) = \frac{U_\mathrm{s}}{R} + \left[i_L(0^+) - \frac{U_\mathrm{s}}{R}\right]\mathrm{e}^{-t/\tau} \tag{8-25}$$

　　例 8-7　电路如图 8-16 所示,设直流电压表的量程为 50 V,内阻 $R_\mathrm{V}=5\,\mathrm{k}\Omega$,开关 S 闭合已久, $t=0$ 时断开,试分析开关 S 断开后电压表两端的电压 $u(t)$ 。

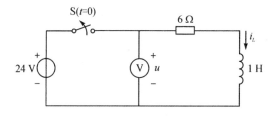

图 8-16　例 8-7 图

　　解　开关 S 断开前,电路中的电压和电流均为恒定值,电感元件等同于短路,则

$$i_L(0^-) = \frac{24\,\mathrm{V}}{6\,\Omega} = 4\,\mathrm{A}$$

$$i_L(0^+) = i_L(0^-) = 4 \text{ A}$$

换路后，$6\ \Omega$ 电阻与电压表内阻 $R_V = 5\ \text{k}\Omega$ 串联，其等效电阻 R 为

$$R = 6\ \Omega + R_V \approx 5\ \text{k}\Omega$$

故电路的时间常数

$$\tau = \frac{L}{R} \approx 0.2 \times 10^{-3}\ \text{s}$$

该电路中，换路后电源被断开，电感电流 $i_L(t)$ 只有暂态解，为

$$i_L(t) = i_L(0^+) \mathrm{e}^{-t/\tau} = 4 \mathrm{e}^{-5 \times 10^3 t}\ \text{A}$$

电压表上电压 $u(t)$ 为

$$u(t) = -R_V i(t) = -20 \mathrm{e}^{-5 \times 10^3 t}\ \text{kV}$$

从上式得电压 $u(t)$ 的初值

$$u(0^+) = -20\ \text{kV}$$

从计算结果看，在开关断开瞬间，电压表上的电压很大，有可能会损坏电压表，图 8-16 所示电路的接线不合理。

例 8-8　电路如图 8-17 所示，设

$$u_S(t) = \begin{cases} 0\ \text{V} & (t < 0) \\ 36\ \text{V} & (t > 0) \end{cases}$$

求 $t > 0$ 时流经电压源的电流 $i(t)$。

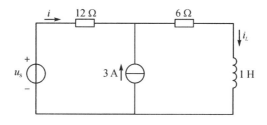

图 8-17　例 8-8 图

解　$t < 0$ 时电压源的电压一直为零，电感元件等同于短路，由分流公式得电感电流

$$i_L(0^-) = \frac{12}{12 + 6} \times 3\ \text{A} = 2\ \text{A}$$

$$i_L(0^+) = i_L(0^-) = 2\ \text{A}$$

由 KCL，电流 $i(t)$ 的初值

$$i(0^+) = i_L(0^+) - 3\ \text{A} = -1\ \text{A}$$

稳态时，电感元件等同于短路，对电压源和电阻组成的回路应用 KVL，有

$$12 i_f + 6(i_f + 3) = 36$$

得

$$i_f = 1\ \mathrm{A}$$

戴维南电阻

$$R = 12\ \Omega + 6\ \Omega = 18\ \Omega$$

电路的时间常数为

$$\tau = \frac{L}{R} = \frac{1}{18}\ \mathrm{s}$$

由一阶电路瞬态响应的通用公式,得

$$i(t) = i_f + [i(0^+) - i_f(0^+)]\mathrm{e}^{-t/\tau} = 1 - 2\mathrm{e}^{-18t}\ \mathrm{A}$$

一阶 RL 电路的响应也可分解为零状态响应和零输入响应。以图 8-18 为例,令电感元件的初始储能为零,则 $i_L(t)$ 的零状态响应 $i_{LZS}(t)$ 为

$$i_{LZS}(t) = \frac{U_s}{R}(1 - \mathrm{e}^{-t/\tau})$$

若把图 8-18 中的输入置零,只考虑电感元件的初始储能,则 $i_L(t)$ 的零输入响应 $i_{LZI}(t)$ 为

$$i_{LZI}(t) = i_L(0^-)\mathrm{e}^{-t/\tau}$$

同理,$u_L(t)$ 的零状态响应和零输入响应分别为

$$u_{LZS}(t) = U_s\mathrm{e}^{-t/\tau}$$

$$u_{LZI}(t) = -Ri_L(0^-)\mathrm{e}^{-t/\tau}$$

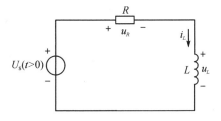

图 8-18   一阶 RL 串联电路

8.6   二阶 RLC 串联电路的瞬态

用二阶微分方程描述的电路称为二阶电路。图 8-19 所示为零输入二阶 RLC 串联电路,依据电容和电感的 VCR,分别有

$$\frac{\mathrm{d}u_C(t)}{\mathrm{d}t} = -\frac{i(t)}{C} \tag{8-26}$$

$$\frac{\mathrm{d}i(t)}{\mathrm{d}t} = \frac{u_C(t) - Ri(t)}{L} \tag{8-27}$$

对式(8-27)两端求导,并代入式(8-26),可得关于 $i(t)$ 的微分方程

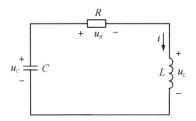

图 8 - 19　零输入二阶 RLC 串联电路

$$\frac{\mathrm{d}^2 i(t)}{\mathrm{d}t^2} + \frac{R}{L}\frac{\mathrm{d}i(t)}{\mathrm{d}t} + \frac{1}{LC}i(t) = 0 \qquad (8-28)$$

式(8-28)为常系数齐次二阶微分方程,设 $i(t) = \mathrm{e}^{st}$,则

$$\frac{\mathrm{d}i(t)}{\mathrm{d}t} = s\mathrm{e}^{st}$$

$$\frac{\mathrm{d}^2 i(t)}{\mathrm{d}t^2} = s^2 \mathrm{e}^{st}$$

把它们代入式(8-28)中,得

$$s^2 + \frac{R}{L}s + \frac{1}{LC} = 0 \qquad (8-29)$$

其两个特征根为

$$s_{1,2} = -\frac{R}{2L} \pm \sqrt{\left(\frac{R}{2L}\right)^2 - \frac{1}{LC}}$$

两个特征根有可能是实根,也可能是复数根,分三种情况讨论。

1. 两个特征根为不相等的实根($R > 2\sqrt{L/C}$)

$\mathrm{e}^{s_1 t}$ 和 $\mathrm{e}^{s_2 t}$ 都满足式(8-28),因而解是二者的组合,即

$$i(t) = A\mathrm{e}^{s_1 t} + B\mathrm{e}^{s_2 t}$$

其中 A 和 B 为待定常数,用 $i(t)$ 及其导数 $i'(t)$ 的初值确定。即

$$\begin{cases} A + B = i(0^+) \\ s_1 A + s_2 B = i'(0^+) \end{cases} \qquad (8-30)$$

设电容电压的初值 $u_C(0^+) = U_0$,电感电流的初值 $i(0^+) = I_0$,根据式(8-27),有

$$i'(0^+) = \frac{1}{L}(U_0 - RI_0) \qquad (8-31)$$

例 8 - 9　图 8 - 19 所示电路中,已知 $R = 25\ \Omega$,$L = 1\ \mathrm{H}$,$C = 0.01\ \mathrm{F}$,电容电压和电感电流的初值分别为 $u_C(0^+) = 1\ \mathrm{V}$ 和 $i(0^+) = 0\ \mathrm{A}$,求 $t > 0$ 时的 $i(t)$、$u_L(t)$ 和 $u_C(t)$。

解　由式(8-28),微分方程为

$$\frac{\mathrm{d}^2 i(t)}{\mathrm{d}t^2} + 25\frac{\mathrm{d}i(t)}{\mathrm{d}t} + 100i(t) = 0$$

特征方程

$$s^2 + 25s + 100 = 0$$
$$(s+5)(s+20) = 0$$

故 $s_1 = -5, s_2 = -20$,于是

$$i(t) = A\mathrm{e}^{-5t} + B\mathrm{e}^{-20t} \tag{8-32}$$

根据已知初值及式(8-31)

$$i(0^+) = 0\ \mathrm{A}$$
$$i'(0^+) = 1$$

则

$$\begin{cases} A + B = 0 \\ -5A - 20B = 1 \end{cases}$$

求得

$$A = \frac{1}{15},\ B = -\frac{1}{15}$$

把 A 和 B 的值代入式(8-32)中,则 $t > 0$ 时的电流为

$$i(t) = \frac{1}{15}(\mathrm{e}^{-5t} - \mathrm{e}^{-20t})\ \mathrm{A}$$

利用元件的 VCR,得 $u_R(t)$ 和 $u_L(t)$ 分别为

$$u_R(t) = Ri(t) = \frac{5}{3}(\mathrm{e}^{-5t} - \mathrm{e}^{-20t})\ \mathrm{V}$$

$$u_L(t) = L\frac{\mathrm{d}i(t)}{\mathrm{d}t} = -\frac{1}{3}\mathrm{e}^{-5t} + \frac{4}{3}\mathrm{e}^{-20t}\ \mathrm{V}$$

利用回路 KVL,得

$$u_C(t) = u_R(t) + u_L(t) = \frac{4}{3}\mathrm{e}^{-5t} - \frac{1}{3}\mathrm{e}^{-20t}\ \mathrm{V}$$

电感电流和电容电压的波形如图 8-20 所示。可看出,$i(t)$ 在 $t = t_1$ 处到达极值,故在此时刻之前电感元件吸收能量,在此时刻之后释放能量;电容电压 $u_C(t)$ 单调减,说明电容一直处于放电状态。在 $t > t_1$ 的区间内,电容和电感共同向电阻提供能量。根据能量守恒定律,换路后电阻消耗的总能量一定等于电容元件上的初始储能。

2. 两个特征根相等($R = 2\sqrt{L/C}$)

用 s 表示特征根,可检验 $t\mathrm{e}^{st}$ 也是微分方程的解,故通解为 e^{st} 和 $t\mathrm{e}^{st}$ 的组合,即

$$i(t) = (A + Bt)\mathrm{e}^{st} \tag{8-33}$$

其中 A 和 B 用 $i(t)$ 及 $i'(t)$ 的初值确定。

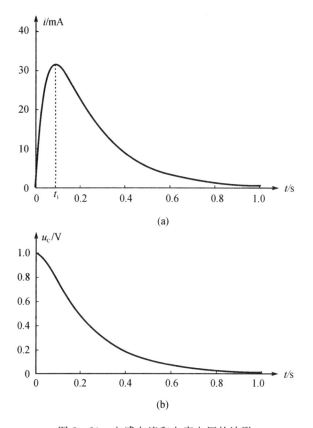

(a)

(b)

图 8 - 20　电感电流和电容电压的波形

例 8 - 10　上例中,若 $R = 20\ \Omega$,其他元件参数不变,求电流 $i(t)$ 。

解　由式(8 - 28),电路的微分方程为

$$\frac{\mathrm{d}^2 i(t)}{\mathrm{d}t^2} + 20\,\frac{\mathrm{d}i(t)}{\mathrm{d}t} + 100 i(t) = 0$$

其特征方程为

$$s^2 + 20s + 100 = 0$$
$$(s + 10)^2 = 0$$

故 $s_1 = s_2 = -10$,于是

$$i(t) = (A + Bt)\mathrm{e}^{-10t}$$

从上式求得 $i(t)$ 的导数

$$i'(t) = B\mathrm{e}^{-10t} - 10(A + Bt)\mathrm{e}^{-10t}$$

从上例已知 $i(0^+) = 0\ \mathrm{A}, i'(0^+) = 1\ \mathrm{A}$,则

$$\begin{cases} A = 0 \\ B - 10A = 1 \end{cases}$$

求得 $A=0, B=1$，于是，$t>0$ 时的电流 $i(t)$ 为

$$i(t) = te^{-10t} \text{ A} \tag{8-34}$$

$i(t)$ 的波形如图 8-21 所示。

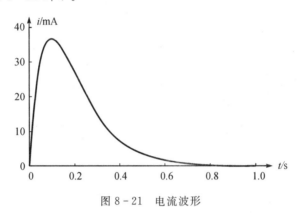

图 8-21　电流波形

3. 特征根 s_1 和 s_2 为一对共轭复根($R<2\sqrt{L/C}$)

$$s_{1,2} = -\frac{R}{2L} \pm j\sqrt{\frac{1}{LC} - \left(\frac{R}{2L}\right)^2} = \sigma \pm j\omega \tag{8-35}$$

其中 $j=\sqrt{-1}$，称为虚单位。由微分方程知识，方程的通解可表示为

$$i(t) = e^{\sigma t}[A\cos(\omega t) + B\sin(\omega t)] \tag{8-36}$$

A 和 B 用 $i(0^+)$ 和 $i'(0^+)$ 确定。式(8-36)表明：复数特征根时，响应是振荡性的，一方面它按角频率为 ω 的正弦规律振荡，另一方面其振幅按指数规律 $e^{\sigma t}$ 随时间衰减($\sigma<0$)。可见，特征根的虚部决定了振荡的速率，而实部决定了总体衰减的快慢。当 $R\to 0$ 时有

$$\sigma = 0$$
$$\omega = \frac{1}{\sqrt{LC}}$$

这时的解为

$$i(t) = A\cos(\omega t) + B\sin(\omega t) \tag{8-37}$$

即响应按正弦规律变化。

对图 8-19 所示电路，调整电阻值 R，可使特征方程的特征根为实数或复数，二阶电路的瞬态形式与特征根相关。(1)若两个特征根为实根，响应是非振荡性的，根不等时为过阻尼响应，相等时称为临界阻尼响应。(2)若两个特征根为一对共轭复数，响应是振荡性的，根的实部小于零时称为欠阻尼响应，等于零时称为无阻尼响应。

例 8 - 11　利用二阶电路能够产生非常高的电压,汽车点火系统的原理电路如图 8 - 22 所示,已知蓄电池的电压 $U_s = 12\ \text{V}$,电阻 $R = 4\ \Omega$,点火线圈的电感 $L = 8\ \text{mH}$,电容 $C = 1\ \mu\text{F}$,开关 S 在 $t = 0$ 时断开,求 $t > 0$ 时电感线圈上的电压 $u_L(t)$。

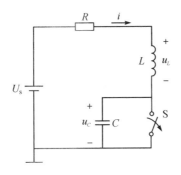

图 8 - 22　汽车点火电路

解　换路瞬间的电容电压和电感电流分别为

$$u_C(0^+) = u_C(0^-) = 0\ \text{V}$$

$$i(0^+) = i(0^-) = \frac{U_s}{R} = 3\ \text{A}$$

换路后的电路为 RLC 串联电路,由于

$$\frac{\mathrm{d}u_C(t)}{\mathrm{d}t} = \frac{i(t)}{C} \tag{8 - 38}$$

$$\frac{\mathrm{d}i(t)}{\mathrm{d}t} = \frac{U_s - Ri(t) - u_C(t)}{L} \tag{8 - 39}$$

从以上两式得关于 $i(t)$ 的微分方程为

$$\frac{\mathrm{d}^2 i(t)}{\mathrm{d}t^2} + \frac{R}{L}\frac{\mathrm{d}i(t)}{\mathrm{d}t} + \frac{1}{LC}i(t) = 0 \tag{8 - 40}$$

代入已知数据,有

$$\frac{\mathrm{d}^2 i(t)}{\mathrm{d}t^2} + 500\frac{\mathrm{d}i(t)}{\mathrm{d}t} + 1.25 \times 10^8 i(t) = 0$$

特征方程为

$$s^2 + 500s + 1.25 \times 10^8 = 0$$

求得 $s_{1,2} = -250 \pm \mathrm{j}1.1178 \times 10^4$,则

$$i(t) = \mathrm{e}^{-250t}\left[A\cos(1.1178 \times 10^4 t) + B\sin(1.1178 \times 10^4 t)\right] \tag{8 - 41}$$

上面已求出 $i(0^+) = 3\ \text{A}$,由式(8 - 39)得 $i'(0^+) = 0$,则常数 A 和 B 满足

$$\begin{cases} A = 3 \\ -250A + 1.1178 \times 10^4 B = 0 \end{cases}$$

得 $A = 3, B = 0.0671$。**故**

$$i(t) = e^{-250t}[3\cos(1.1178 \times 10^4 t) + 0.0671\sin(1.1178 \times 10^4 t)] \text{ A}$$

电感线圈上的电压 $u_L(t)$ 为

$$u_L(t) = L\frac{\mathrm{d}i(t)}{\mathrm{d}t} = -268.4 e^{-250t}\sin(1.1178 \times 10^4 t) \text{ V}$$

$u_L(t)$ 的波形如图 $8-23$ 所示。当 $1.1178 \times 10^4 t = \pi/2$ 时 $|u_L(t)|$ 到达峰值。经计算,本例中 $|u_L(t)|$ 的最大值近似为 259 V,该电压还不能达到点火要求,实际电路中再利用变压器升压 80 至 100 倍,故火花塞上的电压可超过 20 kV。

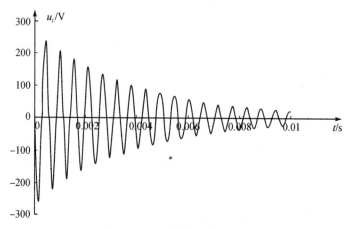

图 $8-23$ 电感线圈上的电压

8.7 二阶 RLC 并联电路的瞬态

二阶 RLC 并联电路如图 $8-24$ 所示,设电路的元件参数已知,电容电压的初值 $u(0^+) = U_0$,电感电流的初值 $i_L(0^+) = I_0$。

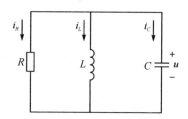

图 $8-24$ 零输入二阶 RLC 并联电路

在图示参考方向下,依据电容和电感的 VCR,有

$$\frac{\mathrm{d}u(t)}{\mathrm{d}t} = -\frac{\dfrac{1}{R}u(t) + i_L(t)}{C} \tag{8-42}$$

$$\frac{\mathrm{d}i_L(t)}{\mathrm{d}t} = \frac{u(t)}{L} \tag{8-43}$$

对式(8-42)两端求导,利用式(8-43)所示关系,得

$$\frac{\mathrm{d}^2 u(t)}{\mathrm{d}t^2} + \frac{1}{RC}\frac{\mathrm{d}u(t)}{\mathrm{d}t} + \frac{1}{LC}u(t) = 0 \tag{8-44}$$

式(8-44)为常系数齐次微分方程,设 $u(t)=\mathrm{e}^{st}$,则

$$\frac{\mathrm{d}u(t)}{\mathrm{d}t} = s\mathrm{e}^{st}$$

$$\frac{\mathrm{d}^2 u(t)}{\mathrm{d}t^2} = s^2 \mathrm{e}^{st}$$

把它们代入式(8-44)中,有

$$s^2 + \frac{1}{RC}s + \frac{1}{LC} = 0$$

两个特征根为

$$s_{1,2} = -\frac{1}{2RC} \pm \sqrt{\left(\frac{1}{2RC}\right)^2 - \frac{1}{LC}}$$

(1)当 $R < 0.5\sqrt{L/C}$ 时,两个特征根为实根,响应是非振荡性的,则

$$u(t) = A\mathrm{e}^{s_1 t} + B\mathrm{e}^{s_2 t}$$

(2)当 $R = 0.5\sqrt{L/C}$ 时, $s_1 = s_2 = s$,则

$$u(t) = (A + Bt)\mathrm{e}^{st}$$

(3)当 $R > 0.5\sqrt{L/C}$ 时,两个特征根为共轭复根,响应是振荡性的,设 $s_{1,2} = \sigma \pm \mathrm{j}\omega$,这时

$$u(t) = \mathrm{e}^{\sigma t}\left[A\cos(\omega t) + B\sin(\omega t)\right]$$

根据已知初值及式(8-42),有

$$\begin{cases} u(0^+) = U_0 \\ u'(0^+) = -\dfrac{1}{RC}U_0 - \dfrac{1}{C}I_0 \end{cases}$$

用 $u(0^+)$ 和 $u'(0^+)$ 确定常数 A 和 B。求出 $u(t)$ 后,依据电容元件的 VCR,电容电流为

$$i_C(t) = C\frac{\mathrm{d}u(t)}{\mathrm{d}t}$$

依据 KCL,电感电流为

$$i_L(t) = -i_R(t) - i_C(t) = -\frac{u(t)}{R} - i_C(t)$$

对一般形式的二阶电路,响应的形式并无特别之处,但用微分方程法分析的过程比较繁琐。

8.8　正弦稳态响应的概念

下面以图 8-25 所示 RC 串联电路为例,介绍正弦稳态响应的概念。输入为正弦电压

$$u(t) = U_\mathrm{m}\cos(\omega t + \alpha)$$

$t > 0$ 时,依据回路 KVL 和元件 VCR 有

$$u_R(t) + u_C(t) = u(t)$$

$$u_R(t) = Ri(t)$$

$$i = C\frac{\mathrm{d}u_C(t)}{\mathrm{d}t}$$

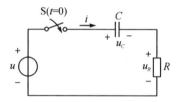

图 8-25　RC 串联电路

从以上三式得以 $i(t)$ 为变量的微分方程为

$$RC\frac{\mathrm{d}i(t)}{\mathrm{d}t} + i(t) = C\frac{\mathrm{d}u(t)}{\mathrm{d}t} \tag{8-45}$$

即

$$RC\frac{\mathrm{d}i(t)}{\mathrm{d}t} + i(t) = -\omega C U_\mathrm{m}\sin(\omega t + \alpha) \tag{8-46}$$

上式右端为正弦函数,可设 $i(t)$ 的强制响应 $i_\mathrm{f}(t)$ 为

$$i_\mathrm{f}(t) = I_\mathrm{m}\cos(\omega t + \beta) \tag{8-47}$$

把式(8-47)代入式(8-46)中,求得(过程略):

$$\begin{cases} I_\mathrm{m} = \dfrac{U_\mathrm{m}}{\sqrt{R^2 + (\dfrac{1}{\omega C})^2}} \\[4ex] \beta = \alpha + \arctan(\dfrac{1}{\omega RC}) \end{cases} \tag{8-48}$$

由瞬态响应通用公式，$i(t)$ 为

$$i(t) = i_f(t) + [i(0^+) - i_f(0^+)]e^{-t/\tau}$$

其中时间常数 $\tau = RC$；$i_f(0^+)$ 是 $i_f(t)$ 在 $t = 0^+$ 时刻的值；$i(0^+)$ 是 $i(t)$ 的初值，为

$$i(0^+) = \frac{u(0^+) - u_C(0^+)}{R}$$

则

$$i(t) = I_m\cos(\omega t + \beta) + [i(0^+) - I_m\cos\beta]e^{-t/\tau} \qquad (t > 0) \qquad (8-49)$$

式(8-49)表明：

(1)当 $i(0^+) = 0$，$\beta = 0$ 时，$i(t)$ 为

$$i(t) = I_m\cos(\omega t) - I_m e^{-t/\tau} \qquad (t > 0)$$

波形如图 8-26 所示。可见，若暂态响应分量衰减较慢，$|i(t)|$ 的最大值接近于 $2I_m$。

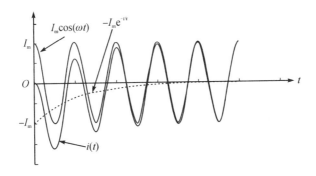

图 8-26　电流随时间的变化

(2)若 $i(0^+) = I_m\cos\beta$，则电路直接进入稳态。

(3)该电路在 $t > 3\tau$ 时间后，暂态响应可忽略不计，响应中只剩强制响应，且与输入具有相同的频率。对正弦电源作用的电路，强制响应为正弦，称为正弦稳态响应。

(4)稳态时，电阻上的电压 u_R 为

$$u_R(t) = RI_m\cos(\omega t + \beta) = \frac{RU_m}{\sqrt{R^2 + \left(\dfrac{1}{\omega C}\right)^2}}\cos(\omega t + \beta) \qquad (8-50)$$

若该电路中 $R \gg \dfrac{1}{\omega C}$，则 $\beta \approx \alpha$，电阻上的电压近似等于电源电压，电容上的电压的振幅很小，电容元件近似于短路。在晶体管放大电路中，常用电容值比较大的电容实现"隔直通交"作用。

习题 8

8-1　题 8-1 图所示电路中开关 S 断开已久,$t=0$ 时闭合,求 u_C 和 i_L 的初值。

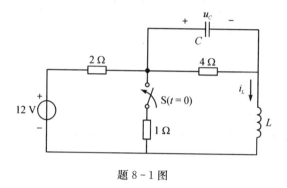

题 8-1 图

8-2　题 8-2 图所示电路中,电阻 R 在 $t=0$ 时从 $6\ \Omega$ 变为 $2\ \Omega$,求 u_C 和 i_L 的初值。

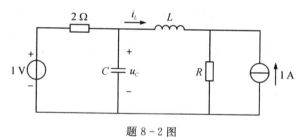

题 8-2 图

8-3　一高压电容器的电容 $C=10\ \mu\text{F}$,初始电压为 $1\ \text{kV}$,经 $1\ \text{h}$ 后测得电压为 $50\ \text{V}$,求该电容器的漏电导。

8-4　电路如题 8-4 图所示,已知 $U_S=10\ \text{V}$,$R=1\ \text{k}\Omega$,$C=1\ \mu\text{F}$,在下列情况下绘出 $t>0$ 时 $u_C(t)$ 和 $u_R(t)$ 的波形。(1)$u_C(0^-)=0\ \text{V}$;(2)$u_C(0^-)=20\ \text{V}$;(3)$u_C(0^-)=10\ \text{V}$。

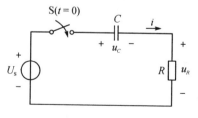

题 8-4 图

8-5 电路如题 8-5 图所示,设元件参数和 $u_C(0^-)$ 已知,求 $t>0$ 时的 $u_C(t)$ 和 $i(t)$ 。

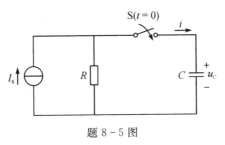

题 8-5 图

8-6 题 8-6 图所示电路中的开关 S 断开已久,$t=0$ 时闭合,求电压 $u_C(t)$ 。

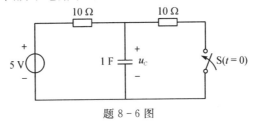

题 8-6 图

8-7 题 8-7 图电路已处于稳态,开关 S 在 $t=0$ 时断开,求 $t>0$ 时的电容电压 $u_C(t)$ 和电压源发出的功率。

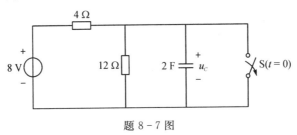

题 8-7 图

8-8 求题 8-8 图电路中 $t>0$ 时的电压 $u(t)$ 。

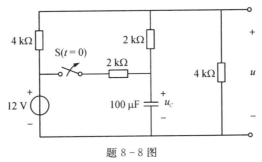

题 8-8 图

8－9　求题8－9图电路中电压 $u(t)$ 的零状态响应和零输入响应。

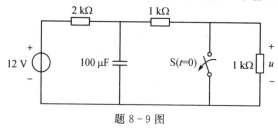

题8－9图

8－10　设题8－10图电路中各元件参数已知,求电压 $u_C(t)$ 的零状态响应。

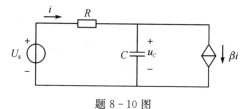

题8－10图

8－11　题8－11图所示 RC 串联电路中,已知 $R=1\ \Omega$,$C=0.2\ \text{F}$,电源电压

$$u_S(t) = \begin{cases} 1\ \text{V} & (0 < t < 1\ \text{s}) \\ -1\ \text{V} & (1\ \text{s} < t < 2\ \text{s}) \\ 0 & (t < 0,\ t > 2\ \text{s}) \end{cases}$$

求电容上电压 $u_C(t)$ 的零状态响应,并绘出波形。

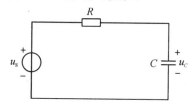

题8－11图

8－12　题8－12图电路中,已知 $u_1(0^-)=0\ \text{V}$,$u_2(0^-)=2\ \text{V}$,$u_S=6\ \text{V}(t>0)$,求 $t>0$ 时的电压 $u_1(t)$。

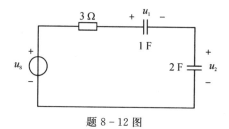

题8－12图

8-13 题 8-13 图电路中,已知 $U_s=100\text{ V}$,$R_1=100\ \Omega$,$R_2=50\ \Omega$,$C=0.1\ \mu\text{F}$,开关 S 受电压 u 控制,当 u 增大到 60 V 时 S 从断开转为导通,当 u 减小到 40 V 时 S 从导通转为断开,求电压 u 的振荡周期。

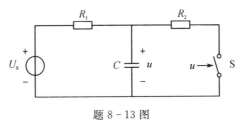

题 8-13 图

8-14 题 8-14 图所示一阶 RL 并联电路,设元件参数和 $i_L(0^-)$ 已知,求 $t>0$ 时的电流 $i_L(t)$ 和电压 $u(t)$。

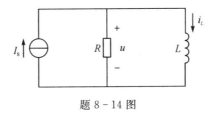

题 8-14 图

8-15 题 8-15 图电路中开关 S 在 $t=0$ 时闭合,求 $t>0$ 时的电感电流 i_L。

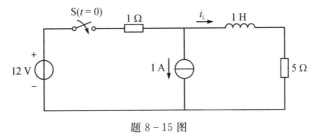

题 8-15 图

8-16 求题 8-16 图电路中 $t>0$ 的电压 $u(t)$。

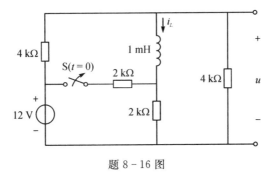

题 8-16 图

8-17　题 8-17 图电路中,开关 S 断开已久,$t=0$ 时闭合,求流经 S 的电流 $i(t)$。

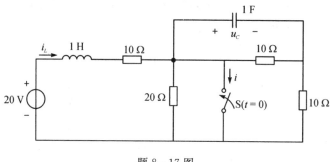

题 8-17 图

8-18　题 8-18 图电路中,已知 $R=10\ \Omega, L=1\ \text{H}, U_s=20\ \text{V}$,开关 S 闭合已久,$t=0$ 时断开。在以下两种情况下求电感电流下降到初始值的 10% 时所需要的时间。(1)若视半导体二极管 D 的正向导通电压为零;(2)若视半导体二极管 D 的正向导通电压为 1 V。

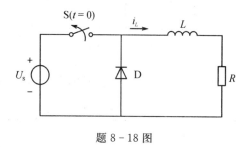

题 8-18 图

8-19　题 8-19 图所示电路中,开关 S 闭合已久,$t=0$ 时断开,求 25 Ω 电阻上电压 u_R 和该电阻在 $t>0$ 区间消耗的能量。

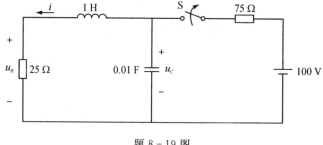

题 8-19 图

8-20　题 8-20 图所示 RLC 串联电路中,已知 $R=6\ \Omega, L=1\ \text{H}, C=0.04\ \text{F}, U_s=1\ \text{V}$,求 $t>0$ 时 $i(t)$ 的零状态响应。

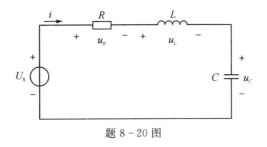

题 8 - 20 图

8 - 21 题 8 - 20 图所示 RLC 串联电路中,已知 $R=20\ \Omega$,$L=1\ \mathrm{H}$,$C=0.01\ \mathrm{F}$,$U_\mathrm{s}=1\ \mathrm{V}$,求 $t>0$ 时 $i(t)$ 的零状态响应。

8 - 22 题 8 - 20 图所示 RLC 串联电路中,已知 $R=2\ \Omega$,$L=1\ \mathrm{H}$,$C=0.02\ \mathrm{F}$,$U_\mathrm{s}=1\ \mathrm{V}$,求 $t>0$ 时 $i(t)$ 的零状态响应。

8 - 23 题 8 - 23 图所示电路中,已知 $R=20\ \Omega$,$L=1\ \mathrm{H}$,$C=0.01\ \mathrm{F}$,$U_\mathrm{s}=1\ \mathrm{V}$,开关 S 闭合已久,$t=0$ 时断开,求电压 $|u_L(t)|$ 的最大值。

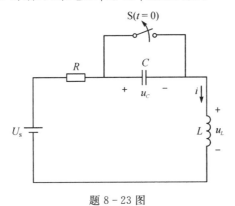

题 8 - 23 图

8 - 24 题 8 - 24 图所示 RLC 并联电路,已知 $R=0.04\ \Omega$,$L=0.01\ \mathrm{H}$,$C=1\ \mathrm{F}$,设 $i_L(0^+)=1\ \mathrm{A}$,$u(0^+)=0\ \mathrm{V}$,求 $t>0$ 时的电压 $u(t)$。

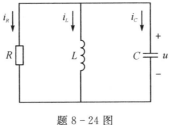

题 8 - 24 图

部分习题参考答案

第1章

1-1　1.5×10^{-5} C

1-2　$165°$

1-3　$(1)10$ V；$(2)220\sqrt{3}$ V；$(3)\sqrt{U_0^2 + U_1^2 + U_2^2}$

1-4　(a)吸收功率10 W；(b)吸收功率-10 W

1-5　0.5 J

1-6　ωCU_C

1-7　$(2)i_C = (1 - 50t)\mathrm{e}^{-50t}$ mA；$(3)0.02$ s

1-8　$(1)i = 5\mathrm{e}^{-5 \times 10^3 t}$ A；$(2)u_S = 100$ V

1-9　5 J

1-10　$(1)6.25$ mJ；$(2)A = 60, B = -10$；$(3)i_C = (-30\mathrm{e}^{-100t} + 40\mathrm{e}^{-800t})$ mA

第2章

2-1　$u_A = -5$ V，$u_B = -15$ V

2-2　0.4 A，5.6 V

2-3　$3\ \Omega$

2-4　$8.1 \sim 9.9$ V

2-5　$\dfrac{3}{8}R$

2-6　$R, 2R, 3R, \dfrac{1}{2}R, \dfrac{1}{3}R, 1.5R, \dfrac{2}{3}R$

2-7　星联：$R_1 = 3\ \Omega, R_2 = 6\ \Omega, R_3 = 9\ \Omega$
　　　三角联：$R_{12} = 11\ \Omega, R_{23} = 33\ \Omega, R_{31} = 16.5\ \Omega$

2-8　$R_a = 0.9\ \Omega, R_b = 1.2\ \Omega, R_c = 1.2\ \Omega$

2-9　$R_{ab} = 3\ \Omega$

第3章

3-1　-1 A

3 - 2　$u_A = 4$ V，$u_B = 2$ V，$u_C = -2$ V

3 - 3　(a)3 V 电压源发出功率为 1.5 W，1 A 电流源发出功率为 3 W；(b)3 V 电压源发出功率为 -3 W，1 A 电流源发出功率为 5 W

3 - 4　6 V 电压源发出功率为 6 W，1 A 电流源发出功率为 8 W

3 - 5　6 V 电压源发出功率为 24 W，1 A 电流源发出功率为 2 W；2 V 电压源吸收功率为 6 W

3 - 6　(a)3 V，0.75 A；(b)1.5 V，$\dfrac{1}{3}$ A

3 - 7　$i_1 = 2$ A，$i_2 = 1.5$ A

3 - 8　$u_1 = 1$ V，$u_2 = -1$ V

3 - 9　$u_1 = 4$ V，$u_2 = 2$ V，$u_3 = 1$ V

3 - 10　5 V

3 - 11　4 V 电压源发出功率为 10 W，1 V 电压源发出功率为 -0.5 W

3 - 12　$u_1 = 6$ V，$u_2 = 5$ V，$u_3 = -1$ V

3 - 14　$i_1 = 5$ A，$i_2 = 2$ A，$i_3 = 3$ A

3 - 15　$i_1 = \dfrac{19}{3}$ A，$i_2 = \dfrac{11}{3}$ A，$i_3 = 3$ A

3 - 16　$\dfrac{4}{3}$ A

3 - 17　2 A

3 - 18　(a)4 V；(b)5.5 V

3 - 19　7 V

3 - 20　-1 A

3 - 21　$\dfrac{19}{3}$ V

3 - 22　$\dfrac{27}{11}$ V

3 - 23　$u_1 = 5$ V，$u_2 = 1$ V，$u_3 = -5$ V

3 - 24　$u_1 = 4$ V，$u_2 = 1$ V，4 A 电流源发出功率为 0 W

3 - 25　(a)$u_{OC} = \dfrac{G_1 u_{S1} + G_2 u_{S2} + G_3 u_{S3}}{G_1 + G_2 + G_3}$，$R = \dfrac{1}{G_1 + G_2 + G_3}$

　　　(b) $u_{OC} = R_1 i_S + u_S$，$R = R_1 + R_2$

3 - 26　7 V，1.5 Ω

3 - 27　$R = R_L \left(\dfrac{u_{OC}}{u_L} - 1 \right)$

3 - 28　2 A

3-29 $i_{SC}=1.5\,A, R=2\,\Omega$

3-30 (a)$-1\,\Omega$;(b)$3\,\Omega$

3-31 $u_{OC}=-5\,V, R=5\,\Omega$

3-32 $R_L=4.5\,\Omega, P_{max}=1.68\,W$

3-33 (2)$u=2\,V, i=4\,A$;(3)$u=6\,V, i=3\,A$

3-34 (1) $4\,A$

第 4 章

4-6 (a)$-8\,V$;(b)$12\,V$;(c)$0\,V$;(d)$-12\,V$

4-8 $i=\dfrac{1}{7}\cos(2t)\,mA$

4-9 $i_d=4.97\cos t\,mA$, $u_d=6\cos t\,mV$

4-10 $0.116, 0.021$

4-11 (a)$15\,V$;(b)$6\,V$;(c)$6.7\,V$;(d)$0.7\,V$

4-12 $1.5\,mA$

4-13 $360\,\Omega < R < 857\,\Omega$

第 5 章

5-5 (1)$I_C=2\,mA, U_{CE}=8\,V$;(2)$r_\pi=1.3\,k\Omega$;
(3)$A=-153.8, R_{in}\approx 1.3\,k\Omega, R_o=2\,k\Omega$

5-6 (1)$R_B=565\,k\Omega$;(2)$R_L=\infty$ 时 $U_{opp}=10.8\,V$, $R_L=3\,k\Omega$ 时 $U_{opp}=6\,V$

5-7 (1)$I_C=1.88\,mA, U_{CE}=4.48\,V$;(2)$\dfrac{u_o}{u_{in}}=-108.4$, $\dfrac{u_o}{u_s}=-31.7$
(3)$R_{in}\approx 0.83\,k\Omega, R_o=3\,k\Omega$

5-8 (1)$I_C=2.3\,mA, U_{CE}=2.79\,V$;(2)$A=-235.3$
(3)$R_{in}=0.57\,k\Omega, R_o=2.66\,k\Omega$

5-10 (1)$I_C=2.16\,mA, U_{CE}=7\,V$;(2)$A=-147, R_{in}\approx 1.2\,k\Omega, R_o=2.7\,k\Omega$

5-11 (1)$I_C=1.7\,mA, U_{CE}=5.2\,V$;(2)$R_{in}\approx 0.9\,k\Omega, R_o=2\,k\Omega$;(3)$\dfrac{u_o}{u_s}=-45.5$

5-12 (1)$I_C=1.266\,mA, U_{CE}=6.18\,V$
(2)$A=-99.4, R_{in}=1.165\,k\Omega, R_o=3.6\,k\Omega$

5-13 (1)$I_C=2.04\,mA, U_{CE}=5.88\,V$;(2)$A=0.99, R_{in}=76\,k\Omega, R_o=12.3\,\Omega$

5-14 $A=1.32, R_{in}=0.65\,k\Omega, R_o=2.4\,k\Omega$

5-15 (1)$I_C=-5.9\,mA, U_{CE}=-2\,V$;(2)$R_{Cmin}=1.45\,k\Omega$

第 6 章

6 - 6　$A = -15$

6 - 7　$U_{GS} = 4.68\text{ V}, I_D = 0.56\text{ mA}, U_{DS} = 9.36\text{ V}$

6 - 8　$A = -0.95, R_{in} = 1.075\text{ M}\Omega, R_o = 10\text{ k}\Omega$

6 - 9　$A = 0.812, R_{in} = 77\text{ k}\Omega, R_o = 1.24\text{ k}\Omega$

6 - 10　$A = -0.8$

6 - 11　$U_{GS} = -2\text{ V}, I_D = 1\text{ mA}, U_{DS} = 5\text{ V}$

第 7 章

7 - 1　$(1) I_C \approx 1.1\text{ mA}, U_{CE} = 7.09\text{ V}; (2) A_d = -216, A_c = 0$

　　　$(3) R_{ind} = 2.36\text{ k}\Omega, R_{inc} = 260.69\text{ k}\Omega, R_o = 10.2\text{ k}\Omega; (4) K_{CMR} = \infty$

7 - 2　$(1) I_C \approx 0.26\text{ mA}, I_B = 5.2\ \mu\text{A}, U_C = 5.64\text{ V}; (2) A_d = -72$

　　　$(3) R_{ind} = 10\text{ k}\Omega, R_o = 72\text{ k}\Omega$

7 - 3　$(1) I_{E2} \approx 0.48\text{ mA}, U_{CE2} = 3.3\text{ V}; (2) A_d = 92.3; (3) u_o = 1.846\text{ V}$

7 - 4　$(1) A_d = -177.3; (2) u_s = 23.3\text{ mV}; (3) K_{CMR}$约为$\infty$

7 - 5　$(1) A_d = -50, R_{ind} = 6\text{ k}\Omega, R_o = 10\text{ k}\Omega; (2) A_c = -0.9, K_{CMR} = 102.2$

7 - 7　$(1) A_d = 375$

7 - 8　$(1) R_1 = 14.3\text{ k}\Omega, R_E = 209\ \Omega; (2) A_d = -231, R_{ind} = 104\text{ k}\Omega$

7 - 9　$(1) u_o = 1\text{ V}; (2) u_o = 1\text{ V}; (3) u_o = -1\text{ V}$

7 - 10　$(a) u_o = -2u_{IN1} - 2u_{IN2} + 5u_{IN3}; (b) u_o = -10u_{IN1} + 10u_{IN2} + u_{IN3}$

　　　$(c) u_o = -8u_{IN1} + 8u_{IN2}; (d) u_o = -20u_{IN1} - 20u_{IN2} + 40u_{IN3} + u_{IN4}$

7 - 11　$(1) U_C = 6\text{ V}, U_B = 0\text{ V}, U_E = -0.7\text{ V}; (2) \beta = 50; (3) \beta = \dfrac{10\text{ V}}{U_o}; (4) \beta_{min} = 1$

7 - 12　$(a) u_o = 1\text{ V}; (b) u_o = -2\text{ V}$

7 - 13　$u_o(t) = -\dfrac{1}{R_5 C} \displaystyle\int_{-\infty}^{t} \left(-\dfrac{R_3}{R_4} u_{IN1}(\tau) \right) + \left(1 + \dfrac{R_3}{R_1} \right) \dfrac{R_4}{R_2 + R_4} u_{IN2}(\tau) \mathrm{d}\tau$

7 - 14　$(1) u_{o1} = K u_o u_{IN1}, u_o = \dfrac{u_{IN2}}{K u_{IN1}}$

第 8 章

8 - 1　$8\text{ V}, 2\text{ A}$

8 - 2　$2.25\text{ V}, -0.625\text{ A}$

8 - 3　8.32 nS

8 - 5　$u_C = R I_s + [u_C(0^-) - R I_s] \mathrm{e}^{-\frac{t}{RC}}, i = \left[I_s - \dfrac{u_C(0^-)}{R} \right] \mathrm{e}^{-\frac{t}{RC}}$

8 – 6　$u_C = 2.5 + 2.5e^{-\frac{t}{5}}$ V

8 – 7　$u_C = 6 - 6e^{-\frac{t}{6}}$ V, $p = 4 + 12e^{-\frac{t}{6}}$ A

8 – 8　$u = 6 + 2e^{-2.5t}$ V

8 – 9　$u_{ZS} = 3 - 3e^{-10t}$ V, $u_{ZI} = 2e^{-10t}$ V

8 – 10　$u_C = U_s - U_s e^{-\frac{1-\beta}{RC}t}$

8 – 11　$u_C = \begin{cases} 1 - e^{-5t} \text{ V} & (0 < t < 1 \text{ s}) \\ -1 + (2 - e^{-5})e^{-5(t-1)} \text{ V} & (1 \text{ s} < t < 2 \text{ s}) \\ [-1 + (2 - e^{-5})e^{-5}]e^{-5(t-2)} \text{ V} & (t > 2 \text{ s}) \end{cases}$

8 – 12　$u_1 = \dfrac{2}{3}(1 - e^{-\frac{t}{2}})$ V

8 – 13　8.67 μs

8 – 14　$i_L = I_s + [i_L(0^-) - I_s]e^{-\frac{R}{L}t}$, $u = R[I_s - i_L(0^-)]e^{-\frac{R}{L}t}$

8 – 15　$i_L = \dfrac{11}{6} - \dfrac{17}{6}e^{-6t}$ A

8 – 16　$u = 3 + 3e^{-4 \times 10^6 t}$ V

8 – 17　$i = 2 - e^{-10t} + 0.5e^{-0.2t}$ A

8 – 18　(1)0.23 s; (2)0.195 s

8 – 19　$u_R = \dfrac{100}{3}e^{-5t} - \dfrac{25}{3}e^{-20t}$ V; 3.625 W

8 – 20　$i = \dfrac{1}{4}e^{-3t}\sin(4t)$ A

8 – 21　$i = te^{-10t}$ A

8 – 22　$i = \dfrac{1}{7}e^{-t}\sin(7t)$ A

8 – 23　0.184 V

8 – 24　$u = -\dfrac{1}{15}e^{-5t} + \dfrac{1}{15}e^{-20t}$ V

参考文献

[1] 赵录怀，王仲奕. 电路基础[M]. 北京：高等教育出版社，2012.

[2] 申忠如，郭华. 模拟电子技术基础[M]. 西安：西安交通大学出版社，2012.

[3] 杨拴科. 模拟电子技术实用教程[M]. 北京：高等教育出版社，2017.

[4] 唐胜安，刘晔. 电路与电子学基础[M]. 北京：高等教育出版社，2009.

[5] 邱关源，罗先觉. 电路[M]. 5 版. 北京：高等教育出版社，2006.

[6] 童诗白，华成英. 模拟电子技术基础[M]. 5 版. 北京：高等教育出版社，2015.

[7] NILSSON J W, RIEDEL S A. 电路[M]. 10 版. 周宇坤，冼立勤，李莉，等译. 北京：电子工业出版社，2015.

[8] ALEXANDER C K, SADIKU M N O. Fundamentals of Electric Circuits[M]. 北京：清华大学出版社，2000.

[9] BOYLESTAD R L, NASHELSKY L. 模拟电子技术[M]. 李立华，李永华，许晓东，等译. 北京：电子工业出版社，2013.

[10] SEDRA A S, SMITH K C. 微电子电路[M]. 5 版. 周玲玲，蒋乐天，应忍冬，等译. 北京：电子工业出版社，2006.

[11] MALVINO A, BATES D J. 电子电路原理[M]. 7 版. 李冬梅，幸新鹏，李国林，等译. 北京：机械工业出版社，2014.

[12] AGARWAL A, LANG J H. 模拟和数字电子电路基础[M]. 于歆杰，朱桂平，刘秀成，译. 北京：清华大学出版社，2008.